如何培养孩子的数学素质

阿尔文·沃拉（Arvin Vohra）/著
张乃岳/译

中国人民大学出版社
·北京·

关于作者

本书的作者阿尔文·沃拉是美国最重要的教育创新者之一，他已经用他严密而且富有激励性的数学教学方法改变了数以百计的学生。他的公司，阿尔文·沃拉教育公司（AVE）提供针对个人和机构的富有突破性的教育解决方案，这些方案包括阿尔文·沃拉数学速成课程，快速完成分析性阅读的方法，以及集成SAT数学课程。

阿尔文·沃拉对于教育创新的激情开始于他年轻的时候。他曾经在几周内就把代数学学到了一个高级水平，而且还作为一个八年级的学生（注：相当于中国的初中二年级）参加了大学生入学考试。在高中阶段，阿尔文·沃拉在十次AP考试（注：美国大学学分前置课程考试）中都得到了5分，从而使他获得了AP国家奖学金。在其中的六次考试中，阿尔文·沃拉实际上都没上过真正的AP课程，而是完全靠自学而取得了这样好的成绩。凭着毕业时最高的

SAT 成绩和 PSAT 成绩，阿尔文·沃拉还获得了全国资优成绩总决赛的最高荣誉。在这段时期，阿尔文·沃拉已经作为一个年轻学生的导师工作得很活跃了。

在布朗大学，阿尔文·沃拉教育创新的热情得以发展。他作为惠勒学校教育项目的导师和教师，也就是在这个项目中，为二年级到八年级的学生设计了非传统的速成课程。随后，他在哈密尔顿学习能力差异研究所做了一阵咨询顾问。从布朗大学获得数学学士学位毕业以后，阿尔文·沃拉取得了出色的 GRE 和 GMAT 成绩。阿尔文·沃拉目前居住在马里兰州的毕士大。

仅以本书献给我的母亲，是她教会了我如何成就卓越，同时本书也献给我的父亲，是他教会了我如何独立思考。

本书中所讨论的方法对男生和女生同样适用，因此本书中的第三人称"他"应该当作"他"和"她"来理解。

目 录

1 为什么要学习数学? 1
2 亚洲体系 9
3 自我感受和两极分化 41
4 激励和奋斗：发展个人心智的艺术 48
5 家庭作业：每日激励 63
6 享受以及长期激励 72
7 男生，女生 86
8 天赋 95
9 小测验与考试的表现 97
10 阶梯式教学法 103
11 微挑战方法 112
12 真正培养数学素质的方法 139
附录：SAT 和 SAT Ⅱ 141

1　为什么要学习数学？

每当被孩子们问起为何要学习数学的时候，我们的回答常常千篇一律，不是告诉孩子数学与我们的日常生活息息相关，就是告诉他们数学对于现代科学和技术的应用不可或缺。这个答案对于孩子们来说，是他们学习数学最初的激励，但是，说数学与我们的日常生活息息相关显然并非真话，而想通过说数学对于现代科学和技术的应用不可或缺来激励孩子们学习数学又恰恰事与愿违。

第一个关于"日常生活"的解释告诉学生们他们的每个日常活动都需要数学。举例来说，他们需要计算在饭店中付给服务员的小费，或者需要多少钱购买日常用品。大多数学生肯定会立即指出，这些"日常生活"的问题只要随身携带一个计算器就可以解决了，何必去学数学呢？如

果担心计算器会没电,也可以随身带一盒备用的电池,或者干脆带两个计算器。更何况现在计算器无处不在,就连人们的手机上也可以找到计算器的身影。

对于数学与日常生活息息相关的质疑还远不止这些。你在日常生活所用的数学很难超过加、减、乘、除这些四则运算。既然如此,我们为什么要学习三角学呢?为什么要学习微积分呢?为什么要学习四则运算以外的数学知识呢?实际上,即使是那些与数学相关的工作也很少用到高等数学。即使你是一个精算师(译者注:精算师是从事风险管理的专业人士,需要有很高的数学修养以及风险管理领域的从业经验,当然,一个有经验的精算师也具有很高的薪水),你在工作中所用到的数学也无非就是一些乘方运算和时不时的一些指数运算(精算师这个职业是世界上与数学最相关的职业之一)。

另一个说服学生要学习数学的理由是现代的科学和技术需要数学。我们需要运用数学知识来设计宇宙飞船和航天卫星,我们需要数学知识在实验室中进行科学实验以及造出最新型的计算机。在某种程度上来说,这种说法确实有些道理。上述的大部分工作都需要严格地运用高等数学。但是毕竟世界上只有极为少数的人才能从事这些行业。而

1 为什么要学习数学？

且从事这些领域的人们之所以经常学习数学也通常是因为他们内心中对于数学的喜爱和激情，而非任何外部激励所致。

实际上，对于大多数美国学生来说，想要成为科学家所带来的外部激励微乎其微。对于十几岁的孩子来说，对他们最有吸引力的外部激励是金钱、名誉、权力、出风头以及对异性的吸引。这些东西没有一样是激励学生们投身于科学工作的。科学家每赚到一百万美元，他为之工作的商人就能赚到十亿美元。每有一个科学家成名了，就会有一千个音乐家和演员成名，数量相差悬殊。科学家们设计制造了原子弹，但是并没有使用它的权力；权力归于那些政客们。在美国的文化中，科学家与平常人一样，没有更多地受到大众欢迎或者具有更多的性吸引力。

因此，这种要说服学生学习数学的理由不但没有激励到学生，而且适得其反。一个对成为科学家毫无兴趣的学生听到这种关于科学技术的理由时，反而会认为只有科学家才用得到高等数学，从而他并不需要学习。如果他的目的是获取个人利益的话，那么他的最佳选择是将时间花在几乎任何除了数学以外的领域上——例如学习政治学，学习弹吉他，或者想方设法使自己富起来。数学对他而言成

为一个令人讨厌的东西。

那么，为什么归根到底学生们还是要学习数学呢？

国王和君主们过去常常用下棋来学习军事战略。我第一次听到这件事情是在我十岁的时候，这种想法深深震撼了我，因为我认为它极度愚蠢。下棋时（译者注：本书中指的是国际象棋），"象"的移动方向只能是对角方向，而"马"只能走形如字母L形的路线。可另一方面，一个真正的战场上的战士可以随意移动而不受约束。既然这样，那么下棋对真正的战争来说又有什么帮助呢？

当然，其实我完全错误地领会了这个方法。策略或者战略与棋盘上"马"所走的L形状以及"象"所走的对角线毫无关系。一个棋手学到的其实是如何预期到他对手的行为。他学到了如何寻找到更强势的位置而不仅仅是短期的利益。他学到的是战略性的牺牲以及提防对手的战略性诡计。他所学到的是如何预测对手对自己行为的未来反应，而不是仅仅将注意力集中到他一时的得失上。这种思维训练使得棋手的思维更加敏锐，这也使得棋手会逐渐变成一个很有能力的战略家。

与此相似，数学的重要性不仅在于它可以使学生懂得如何用三角函数的知识来测量建筑物的高度，还在于数学

1 为什么要学习数学？

可以使学生分析和解决不同问题的能力得以发展。数学发展了学生的具体推理能力、空间推理能力以及逻辑推理能力。数学发展了学生的技能，这种技能不仅仅可以应用于科学和技术；如果能够正确教授学生数学知识，那将会发展学生的基本认知结构，并提高他们的智力；逻辑推理能力可以帮助律师分析案件的法律形势进而给出条理清楚而且有说服力的辩词。学生将发展这种对于每个商人都必需的能力，那就是如何从一个系统中分离出关键性的因素来。他发展的思维技巧可以用于解决任何问题。他的思维和头脑也将因此而变得更敏锐、更精确。

就像举重可以锻炼人的肌肉一样，数学可以锻炼人的头脑。没有哪种运动让一个运动员突然仰面朝天躺下然后举重十次。然而，绝大多数的运动员都要做这个运动。为什么？因为这种运动可以使运动员更加强壮，从而可以使他们对于通常的体育项目有所准备。

如果你合理地教授一个孩子数学的话，你就送了他一份大礼，这份大礼就是使他的智力更加敏锐、更加强大。事实上你帮他发展了他的头脑。你使他更加聪明。你给了他可以在这个世界上获得成功的基本能力，也使他能够过更幸福的生活。你的努力不仅仅使他在数学方面更加出色，

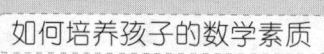

而是使他在思维方面上了一个台阶。

本书将告诉你如何使你的学生或孩子在数学方面表现得卓越，即使他极端懒惰或者天生对数学就比较厌恶。在本书中，你可以学到如何激励学生以及教给他们些什么东西。无论你是精通数学还是仅仅懂得一些可怜的代数知识，本书都会告诉你如何运用它们。

在继续阅读本书之前你必须明确一些事情。首先，本书中所设计的方法，其目的是为了有效，而不是为了简单或者好玩。

另外，本书并不提倡"棍棒底下出孝子"的教育方式。我从不吼学生，而且显然我也绝不使用任何体罚的形式来对待我的学生。如果你能把自己该做的事情做对，你就不用通过发火和吼叫来教授学生数学。

与此相似，本书中所设计的技术并不是为了引发孩子们的敌对情绪。我的许多学生都曾花费了大量的时间在某个数学问题上，他们急切盼望答案或是十分痛苦。然而谁抱怨得最厉害谁看上去却最欣赏我的训练。实际上，这些学生的辅导费用一部分来自于他们的零用钱、打工的钱以及做实习生的钱（译者注：美国的孩子从小就会出去打工赚些钱），他们没有转到其他的定价合适的辅导服务。他们

1 为什么要学习数学？

没有将钱花在娱乐上，而是自愿地将钱花在了学习数学上。

究竟是什么原因使得这些十几岁的孩子将钱花在学习数学上呢？原因是从某种程度来讲，人们渴望自身能力的提升的愿望甚于娱乐。这与我们的经验恰恰相反，大多数十几岁的青年人更盼望得到智慧而不是一时的快乐。我可以使我的学生努力拼搏的程度远远超出其他教育者所能使他们做的。我的方法可以使学生们成为最优秀的，并且可以使学生们真正看到这一进步。

本书中将近一半的内容都集中在激励上。目前，美国最优秀的头脑正用所有广告的把戏来把孩子们说服到某个轨道上来。酒精和烟草公司每年要花费几百万美元在广告宣传上，同样，成百上千的垃圾食品生产公司、服装公司以及娱乐产业的公司也在做同样的事情。从而，在当今世界，差的激励方法根本无法与之竞争。家长们以及教育者们要是想有一个行之有效的教育方法，就必须使用当今这些由专业人士发明的强有力的方法。

实际上，你必须要有说服力，这不像广告所促进的娱乐和消遣。为了有效地教授孩子学习数学，你必须说服他们克服很多很多困难，然而这也将顺理成章地得到更多的好处。

举例来说，很多学校允许学生使用计算器。正如本书所解释的，长期使用计算器会明显地降低孩子们的计算能力。因此，你要说服你的孩子不再使用计算器学习数学，即使他的老师可能鼓励计算器的使用。

尽管这看上去好像无法实现，但是本书中的方法会告诉你如何去做。一旦学生们懂得了使用计算器所带来的危害，大部分学生都会主动停止使用计算器。我的一些学生参加了 SAT 考试（译者注：美国大学生入学考试），这被看做是他们人生中最重要的考试。他们没有使用计算器，可几乎所有学生都得到了一个完美的 SAT 数学成绩。

你所做的事情将会从根本上改变你孩子的生活，这个事实将会使得激励更加容易。尽管有时他们会抱怨，但是他们很清楚你所做的事会对他们有利。并且经过一段时间的积累，当孩子们看到他们自身变得越来越有智慧、越来越成功的时候，激励将会变得更加轻而易举。

本书的其余部分解释了要教孩子哪些内容以及怎样教。这揭示了最为有效的数学教育方法，这将包括著名的亚洲体系以及造就我的公司——Arvin Vohra 教育公司成功的基本方法。

2　亚洲体系

人们相信亚洲人比较擅长数学，这是有理由支持的：在美国，亚裔孩子数学成绩明显地比其他种族的孩子出色。举例来说，2005年数学水平测试显示在所有年龄层次上，亚裔学生都获得了比白人、黑人以及西班牙裔学生更高的成绩。（来源：Child Trends Databark）

本节考察了亚裔父母和教育者所使用的技术。当然，随着国家的血统和个体的不同，技术有很多变种，但是有一些技术和原则几乎普遍适用于亚裔父母和教育者。

亚洲体系建立在学生的记忆之上。在孩子小的时候，大人就教他们熟记乘法表以及类似的东西。随着年龄的增大，他们要记住很多公式甚至要记住解决某种特殊类型问题的步骤。

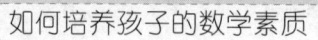

亚洲体系从根本上不同于当前的美国方法，亚洲方法强调的是基于记忆的理解。美国父母和数学老师重点解释为什么某个技术奏效时，亚裔教育者仅仅是要求学生将这个技术记住，并准备好使用它。

你可能会认为这种教学方法会教育出仅会背下公式而不理解其意思的学生来。但是事实恰恰相反。一旦学生记住了某些信息，理解这些信息就顺理成章了。另一方面，那个只注重理解而忽视记忆的教育体系的效果反而适得其反。学生们最终变得无所适从——不能理解问题或者解决问题。

这是数学教育中最奇怪的几个悖论之一，在我从事教育工作的最初阶段，我也曾为此困惑不解过。为什么记忆在数学学习中会奏效？为什么仅仅将精力放在对数学的理解上反而会失败？数学不是要理解的吗？学生们的记忆力不该省下来给历史课吗？

为了解开这个谜，我们将开始一个旅程来帮助我们理解数学教育中最为重要的认知法则。

认知负担过重

请记住下列词语：

2 亚洲体系

奶牛，狗，马，树，海，青蛙

不困难，对吧？那再试试下面的词语：

青蛙，苔藓，草，马，奶牛，老鼠，鹿，电话，井，勺子，桌子

事实就是词语越多越难记住。人们可以使用很多种记忆的技巧来记住第二组词语，但是无论如何也不如第一组记着简单。

大多数人可以在给定的时间内用瞬时记忆记住7条左右的信息。（通常条件下在5～9条之间，这取决于这些信息的复杂程度。瞬时记忆可以在短期内记住要记的信息。长期记忆可以在几年之内记住要记的信息。）上面第一组词语仅包含6条信息。而第二组词语包含了11条信息，但是却比第一组词语至少难记两倍。为什么呢？因为第二组词语超越了记忆的极限。

那么我们来看一个例子，这个例子有点接近数学了。

有一个法则：当你看到一头奶牛的时候，用一只青蛙打它。

很容易记住，也很容易理解。你甚至会发现自己记住

了这个"公式"长达几周之久。

我们再看另一个公式：

  当你看到一个 ztyq 的时候，用 tfgh 打它。（注释：ztyq 是一个三条腿的奶牛，而 tfgh 是一个背上长了多于七个斑点的青蛙。）

如果你足够专心去记的话，你可能会将这个公式和它的注释记住几分钟以上。但是你很可能不到明天就把它给忘记了。原因有两个。第一，这句话包含更多的信息。第二，在脑海中构建这一画面有些困难。

如果你曾经被数学折磨过，你会觉得记住上面的"公式"与被数学折磨有异曲同工之处。现在试试下面的句子：

  当你看到一个缺了一个 tfgh 的 mtyq 的时候，用一个 mrtg 打它。（mtyq 是一个 ftzz 或一个 qoiu。qoiu 是一个没有脚的青蛙。mtyq 是半个蒲公英。tfgh 的定义在上面已经给过了。fter 是半个 rofr，rofr 是奶牛的一个左蹄。）

这个公式极为难记。甚至没有人能够耐着性子将其读完，即使读完了也会很快忘掉。

这与数学有这么关系呢？请看以下的数学问题：

2 亚洲体系

粉刷一平方英尺的墙壁需要3美元。Fred想要粉刷一个长方形的区域,这个长方形区域的长和宽分别为5码和4码。那么Fred粉刷3块这样的墙需要花费多少钱?

如果你知道长方形的面积等于长乘以宽以及1码等于3英尺的话,这个问题自然不在话下。但是如果你不知道这些知识和公式的话,题目对于你就得变成:

粉刷一平方英尺的墙壁需要3美元。Fred想要粉刷一个长方形的区域,这个长方形区域的长和宽分别为5码和4码。那么Fred粉刷3块这样的墙需要花费多少钱?(长方形的面积等于长乘以宽,1码等于3英尺。)

这看上去与上一个题目很相似,对不对?我们现在还没有接触到"认知负担过重"这一现象,但是已经逐渐接近了。由于学生必须反复考虑问题中的信息以及他们并不熟悉的公式,因此他们反而不能将精力集中于如何解决问题上。

现在我们看下一个问题:

Fred想要把一个罐头瓶涂成红色。这个罐头瓶是圆柱体形状，并且它的高为20英寸，底面半径为10英寸。Fred想将这个圆柱体的侧面涂上3层涂料而将其顶部涂上4层涂料。如果每平方英寸涂料的价格是10美分，这个工作需要花费Fred多少美元才能完成？

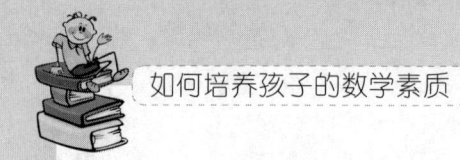

这个问题有些复杂了，但是它仍旧仅仅是一个小学生就能回答的问题，下面我们来看看解决这个问题都需要些什么公式：

Fred想要把一个罐头瓶涂成红色。这个罐头瓶是圆柱体形状，并且它的高为20英寸，底面半径为10英寸。Fred想将这个圆柱体的侧面涂上3层涂料而将其顶部涂上4层涂料。如果每平方英寸涂料的价格是10美分，这个工作需要花费Fred多少美元才能完成？（这个圆柱体的顶面和底面是圆形，圆形的面积公式是圆周率π乘以半径的平方。圆的半径是其直径的一半。圆柱体的侧面积是圆柱体的底面圆的周长乘以圆柱体的高。圆的周长是圆周率π乘以直径。）

当然，在实际问题中，这些提示信息不会整齐划一地写在题目后面的括号中，学生们需要自己去查找相关的资料或者问他们的父母和老师来获得需要的公式。学生不需

要挖空心思去寻找这些信息，他们只需要在平时多留意这些信息就可以了，因为这些信息往往是从不同地方得来的。学生可能很少有可以用的认知源来分析和解决问题，这是因为学生的大脑被很多公式直接塞满了，学生也就没有机会把问题做对了。在考试中，学生可能仅仅希望得到学分。

这个问题在初中数学课上也会提出，大约是七或八年级就会学到。但往往很多高中高年级的学生却不会做这个题目。实际上，很多成年人也都不会做这道题。这个问题不是很难，为什么很多人做不出来呢？这就是因为我们所提到的认知负担过重的问题。

一个学生遇到认知负担过重的信号通常是很容易被发现的。他往往变得让人一眼看上去就觉得他很失意。他会作出很多事来发泄感情，例如吼叫、痛哭或者汗流浃背。可能你会认为他是在发神经，可事实上并不是这样。这个学生正在面对一个无法忍受的处境，而这个处境看上去毫无变化的希望。试想一下，如果你早上醒来发现被装在一个笼子里，你会作出什么反应？你就会明白这个学生的想法。

其他学生可能因此而退缩，看上去仿佛事不关己。他们可能会面无表情而且对题目的说明和问题漠不关心，这就使得他们的老师和家长错误地觉得他们很笨。实际上，

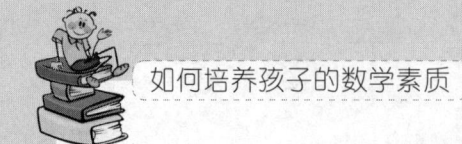

他们正在从一个难以理解的状态中解脱出来。

一些学生可能根本不是在解题,而是在纸上胡乱写着什么东西,或者半天才写出一个其实与题目无关的公式来。例如,他们可能会问"什么是二次方程?"或者"什么是勾股定理?"等诸如此类的问题。他们对于问题的回答可能是仅仅随便猜出的一个数字,尽管他自己也不相信这个数字是正确答案。令人无可奈何的是,学生们只是信口说出了一点东西,其实心里完全明白这是在瞎说。

如果一个学生被一个问题折磨了很长一段时间的话,那你的麻烦就大了。还记得前文中提出的以下问题吗?

当你看到一个奶牛的时候,用青蛙打它。

你知道"奶牛"的含义,也知道"青蛙"的含义。因此,对于你来讲,很容易理解上面的这个规则。

而对于前文提到的圆柱体的问题,被这个问题折磨了很长时间的学生可能会把它看成是下面的类似问题:

当你看到一个faquat的时候,用potwu打它。

这是为什么呢?因为他可能根本不知道"圆柱体"是什么东西。对于"侧面积"可能根本没有概念,更不用说什么"直径"、"半径"以及相关的概念和名词了。由于他

们不能恰当地在脑海中将问题的图景构造出来，因此那些提示他们的一系列步骤就成了一串毫无意义的命令。就算奇迹发生，他在一次小测验中回忆起了相关的知识点，他也肯定会在考试中将其遗忘。这些概念对于他来讲就像天书一样无法理解。

为了构建这一问题的全貌，他必须在脑海中存储以下信息：

1. 什么是圆柱体？

2. 什么是圆的周长？

3. 圆周长的公式。

4. 圆面积的公式。

5. 什么是圆的半径？

6. 什么是圆的直径？

   6a. 圆的半径和直径之间的关系。

7. 圆柱的侧面积公式（其实就是长方形的面积公式）

这个学生解题之初就遇到了以上7个难题。问题中的信息已经占满了他的大脑，这使得他一头雾水，对于问题的解答根本无法开始！他的大脑中甚至根本没有地方去存储这些额外的信息（例如，高为多少、成本为多少，等等）。

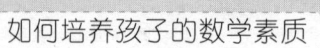

另外，当学生的认知能力被满负荷使用时，这个学生可能对于细小的错误也无法检查出来。他由于粗心所造成的错误率会急剧增加。实际上，学生犯了看上去是由于粗心大意所造成的过多的错误，究其根本原因是在解题的过程中，他们的认知能力被大大地"超载"了。

上面的问题仅仅是一个初等数学的问题。当学生们学到了代数学，或者是更高级的微积分的时候，认知超载的问题就会更加凸现出来。

亚洲体系如何处理认知负担过重的问题

前面我们曾经讨论过短期记忆只能一次记住大约7个左右的信息。但是你所知道的事实肯定远远不止7个。你可能知道7 000个，甚至更多的事实。

这些信息存储在你的长期记忆中。亚洲教育体系可以帮学生将信息存储在他们的长期记忆中，这是完全可以办到的。为了更加准确，亚洲教育体系更加侧重于强迫学生将信息存储在长期记忆中并在合适的时机使用这些记忆。

亚洲教育体系是卓有成效的，并且非常简单。从孩子们一开始说话，他们的数学训练就开始了。孩子们一直被

要求记住一些数学事实并且每天都基于这些事实进行训练，训练使用很多的公式与概念（例如，三角形的面积、圆的周长、二次方程，等等）。

学生反复做一种类型的题目，直到他能在很短的时间内作出相同的题目为止。举例来说，学生可能每天都在做求圆柱体侧面积的问题。这样训练几周之后，学生再求一个圆柱体的侧面积，速度会得到极大提高。通过持续的训练，做题所需的信息就储存于他的长期记忆中了，一到用的上的时候，信息马上会显现出来。

在这种教育方式下，学生们不需要任何卓越的智力，只需要平均的智力水平，其实低于平均水平也是可以的。

事实胜于雄辩，我们来看看亚洲的学生是如何分析上述题目的吧。请记住，这些定理和公式在他们的头脑中是根深蒂固的，以至于他们在使用的时候几乎是不加思索的。他们已经做过相似的题目很多遍了，做题对他们来说就像是机器以自动的方式完成的一样。

以下是在前文中提到过的问题：

Fred 想要把一个罐头瓶涂成红色。这个罐头瓶是圆柱体形状，并且它的高为 20 英寸，底面半径为 10 英寸。Fred 想将这个圆柱体的侧面涂上 3 层涂料而将其顶面涂

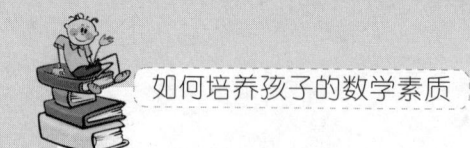

上4层涂料。如果每平方英寸涂料的价格是10美分，这个工作需要花费Fred多少美元才能完成？

亚洲学生会这样考虑这个问题：

计算出圆柱体底面的面积，并将结果乘以4；计算出圆柱体的侧面积，并将结果乘以3；将这两个结果相加，将相加所得的总数乘以10得到所需的美分数；将美分数除以100得到所求的美元数。

正确的数学计算步骤如下：

$\pi \times 10^2 = 100\pi$，这是圆柱体上底的面积，乘以4得到400π。

圆柱体的侧面积是$2\pi \times 10 \times 20 = 400\pi$；把这个结果再乘上3，我们得到$1\,200\pi$；将这两个数字加在一起，我们得到$400\pi + 1\,200\pi = 1\,600\pi$；再将这个结果乘以10得到所需美分的数量，也就是$16\,000\pi$美分；将这个结果除以100得到$160\pi$美元。请注意，$\pi$近似等于3.14。

算术和代数中的认知负担过重问题

我们已经在前面几个文字问题中说明过认知负担过重的情况。那真正的算术或者代数问题又如何呢？

我们看一个算术问题：

$$\begin{array}{r} 45 \\ \times\ 37 \\ \hline \end{array}$$

大多数成年人计算这个问题很直截了当。但你是否想过，如果你没记住九九乘法表的话，你会怎么办呢？那么你计算的第一步就不是 $7\times 5=35$ 了，而是改成了 $5+5+5+5+5+5+5=35$ 了，然后记下十位数字 3，再计算 $7+7+7+7$（而不是 4×7）而得到 28，然后再像平常一样进行下去。这时，你甚至已经忘记了先前完成的工作，而不得不重新开始。换句话说，你已经达到了认知负担过重的地步。

这样犯下粗心大意错误的机会就会变得很大。你可以试着做一下以下的运算，那就是将 45 连续相加 37 次，记住，是相加而不是相乘。

对于更困难一些的问题又会怎么样呢？例如：

$$\begin{array}{r} 4\ 563 \\ \times\ 7\ 452 \\ \hline \end{array}$$

真的是有些棘手的问题。假如你不知道九九乘法表，这种计算将会异常困难。

我们继续假设你不会使用九九乘法表。那么，请做一下下面的题目：

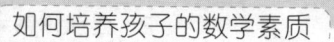

$$\frac{1}{7}+\frac{5}{42}$$

这道题目变难了,不是吗?如果你不知道九九乘法表,这道题目就会很难入手。

好,我们现在来做一道代数问题:

$$\frac{3}{a}+\frac{4}{a+3}$$

这个题目与九九乘法表无关。但是如果一个人没有很好地记住九九乘法表的话,他就不会真正懂得如何将分数相加。因此这个人就永远不会懂得如何做上面的题目。他可能在短时间内记住做这道题目的方法,但是很快就会忘记,甚至等不到考试他就会把这道题的解法彻底忘记。

上面的问题是一道初学者水平的代数问题。更高级的问题往往需要学生将解决类似的问题(例如,乘法)仅仅作为解题的一步来处理。随着难度的上升,孩子们对于问题更加望洋兴叹,无从下手。长此以往,孩子们将会彻底对数学问题丧失耐心。孩子们只要一做题,认知负担过重问题就会出现。为了了解并且解决这一问题,他不得不将一些有用的素材(例如,圆的面积和周长公式等)长年保存在记忆中,但这事实上是不可能的。因此,学生无所选择,只能在尝试解决问题之前先学上若干年的数学。

2 亚洲体系

正是因为亚洲教育体系的教育重点在于培养学生对于基本数学事实的长期记忆，在此教育体系之下的学生在求解数学问题的时候当然就不会存在认知负担过重的问题。事实上，亚洲教育体系比这更进一步。这个教育体系不仅仅强迫学生们记忆诸如九九乘法表这样的数学事实，还会要求学生们持续不断地训练基本题目。学生们对于前文中所提到的那些代数问题会感到是小菜一碟，他们不需要一开始就"解决这个问题"，而是练习与这个问题相类似的问题很多次，这会使得他们解题的过程像机器一样准确而迅速；这也使得这些数学问题对于他们而言易如反掌。

由于陌生而带来的距离感

你是否还记得这个问题：

当你看到一个奶牛的时候，用青蛙打它。

这比记住以下的问题要难得多：

当你看到一个 terqp 的时候，用 srato 打它。

这是为什么呢？其实以上这两句话具有相同的复杂度，第一句话尽管奇怪，但是对你来说还是有些意义的，而第

二句话却毫无意义。你根本不能把第二句话所描述的场景展现在大脑中,除了死记硬背之外你没有任何方法记住它。也就是说,你可以记住这句话,但是你却无法明白你记住的是什么。这些信息超出了你能够理解的范围,也许你能记住,但是永远也不会理解。

我们来看看超出理解范围这件事情是如何影响数学解题的。举例来说,学生甲的数学能力很强,学生丁在数学方面的成绩较差。现在,我们给这两个人下面的公式:

圆的面积等于π乘以圆的半径的平方,π约等于3.141 59⋯。

然后给他们以下的题目:

圆的半径是6,请计算圆的面积,并用π来表示。

两个学生应该进行如下的计算:

圆的面积=圆的半径^2×π

圆的面积=6^2×π

圆的面积=36π

然而,实际的问题是这两个学生所做的事情却完全不同。学生甲(数学能力较强的那个学生)在开始做题之前,

给这个问题画出了一个如下所示的图形：

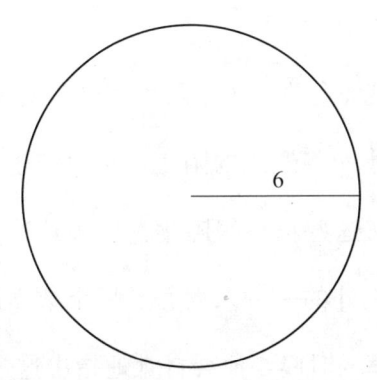

学生甲知道半径的含义，也知道如何利用半径来计算圆的面积。如果问题中的条件改为圆的直径为 6，那么学生甲将在脑海中构想出以下的图形。

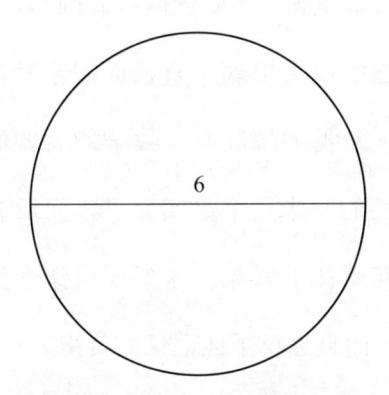

学生甲会立即看出这是一个半径为 3 的圆并且利用上面的方法算出圆的面积。

而学生丁（数学能力较差的那个学生）的做法就截然不同。也许从某种程度上，学生丁会这样考虑："我不知道也不想知道半径是个什么东西，我所需要知道的仅仅是如

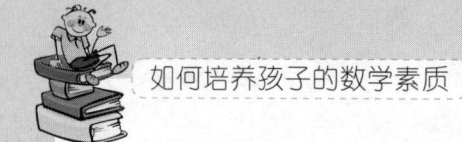

果有了半径的值，用它乘以它本身，然后乘以π就可以了。"

我把这种现象称为"由于陌生而带来的距离感"，由于这个学生对上述一些概念的陌生，从而产生了对这些概念的距离感。他对这些信息很陌生，仿佛这些信息是游离在他的感知世界之外的一种东西。当那个数学能力较强的学生看到一个比萨的时候，他会自觉地指出这个比萨有半径，并可以画出一个半径来。而数学能力较差的学生对于"半径"这个词的认识就仅仅停留在数学课堂上对它的描述而已，他甚至没有认识到他所看到的所有圆形都具有半径。

当一个问题中仅仅出现了直径而非半径的时候，学生丁会感到迷惑。常见的情况是，数学能力差的学生仅仅记住了半径是直径的一半这个事实而已，而没有在头脑中将它们构建起任何具体的联系。这不仅仅让学生对这个概念产生了距离感，而且加重了他记忆的负担。

随着数学本身变得越来越复杂，数学能力差的学生会对数学越来越疏远，他们每次考试都忙着记公式，而每次考试他们都距离通不过越来越近。公式对他们来讲什么也不是；他们对公式仅仅是重复性机械式的记忆，就像让你记住下面这句话似的：

2 亚洲体系

当你看到一个 terqp 的时候，用 srato 打它。

亚洲教育体系是如何避免"距离感"的

在距离感的现象中，数学能力较差的学生采用重复性机械式的记忆来应付数学考试。我们在上一节中解释了为什么这种方法是有问题的。

与此同时，亚洲教育体系也是建立在重复性机械式记忆之上的。学生们经常被要求在弄懂公式的含义之前记住这些公式。一个九岁大的学生可能先记住二次方程的公式，而后才知道它的用处所在。可是这一向被我们认为是会产生距离感的。

然而，事实恰恰相反。信息在这些学生的头脑中却变得越来越完整，越来越丰满。

你是否还记得下面这句话？

当你看到一个 terqp 的时候，用 srato 打它。

当然，这句话还是毫无意义的，但是你对于这句话越来越熟悉了。

人的大脑是如何决定什么信息要吸收整合而什么信息

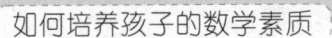

要产生"距离感"的呢?我们的一种考虑是信息的相关性。相互之间有关联的信息更容易被吸收和整合。举例来说,你在本书中看到的信息比你从20世纪50年代的税收手册中看到的信息更容易吸收与整合。

我们的第二个考虑是信息的有趣程度。河豚鱼含有丰富的蛋白质,在日本是脍炙人口的精美食物,但是由于河豚鱼有毒性,被日本的皇室禁止食用。这则信息是有趣的,所以容易被理解和吸收,并成为人们的永久记忆。

与此相反,我们看一下下面这则消息:黑尾响尾蛇会分泌出有毒的分泌物,这种分泌物对人类是有危险的。比起上面那则消息,这则消息不太具有趣味性,因此容易被人遗忘(尽管这则消息更加简单一些)。

我们下一个考虑是关于信息的复杂程度的。越复杂的信息,越难以被消化和吸收。举例来说,我们很容易记住"当你看到一个奶牛的时候,用青蛙打它。"但是比较难以记住"当你看到一个奶牛的时候,用青蛙打它,除非这头奶牛身上有斑点,并且在这种情况下只有当周末的时候才用青蛙打它。"

最后一个考虑是信息的熟悉程度。事实证明,从某种程度上说,熟悉的信息比不熟悉的信息更容易被人记住。

2 亚洲体系

下面的这句话就是一个例子：

当你看到一个 terqp 的时候，用 srato 打它。

这句话依然是奇怪而无法理解的，但是你已经慢慢地记住这句话了。如果你天天面对这句话，天天读到这句话，即使你根本不知道它说的是什么，你也能把这句话记住。并且如果有一天你知道了这句话的含义，也就是这句话到底意味着什么，这句话就会深深地刻在你的脑海之中并成为你的长期记忆。

这也正是亚洲教育体系避免让学生产生对数学的距离感的方法。亚洲教育体系只是让学生的大脑做好准备去接受重要的信息进而形成他们的永久性记忆而已。一旦孩子们知道了如何用二次方程解决实际问题，二次方程的知识就深深地刻在了他们的脑海之中并很快成为他们的数学思维的一部分。

靠这种长期的反复的信息记忆，亚洲教育体系下的学生对于他们所记忆的信息已经达到了非常熟悉的地步，不会产生距离感了。这些记忆上的准备保证了孩子一旦知道了这些数学知识的用处所在，马上就能将这些数学知识形成自己的永久性记忆。因此，出乎意料的是，把这种重复性机械式的记忆作为训练工具，亚洲教育体系避免了孩子

在短期记忆上的重复性机械式记忆,取而代之的是将这些数学知识转化成他们的永久性记忆。

知识分级以及知识分级所引起的错误

数学能力强的学生以及数学能力差的学生最大的差别之一就是他们对知识进行分级化梳理的时候。(例如,他们根据信息的重要程度对信息进行排序的方法。)

数学能力强的学生会在总体上对不同的概念和公式进行分级。举例来说,一个数学能力强的学生认为二次方程的公式是一个极其重要的公式,那么他就应该能够随时记起并使用这个公式。而那些相比而言不太重要的公式,例如符号的笛卡尔法则,享有的优先级就较低。数学能力强的学生可能要稍微想几秒钟才会想起这个定理,或者他根本没有记这个定理,只是需要的时候才去查找而已。类似地,数学能力强的学生将会永远记得如何将下面的式子进行因式分解:

a^2-b^2 (答案是 $a^2-b^2=(a-b)(a+b)$)

然而,他可能需要时间来想一想如何将下面的式子进行因式分解:

a^3-b^3（答案是$a^3-b^3=(a-b)(a^2+ab+b^2)$）

即使是数学能力极强而且能够很快作出任何数学问题的学生，也会将自己学到的知识进行分级。举例来说，数学能力极强的学生做第一个问题的时候很快，可能只需要十分之一秒，但是做第二道题时速度就会下降很多，会花费两秒，换句话说，这之间有二十倍的差异。

另一方面，数学能力较差的学生会经常将知识错误地分级，或者他们根本不将知识进行分级。在第一个例子中，这个学生对于并不那么重要的知识点给予了过高的重视，而对重要的知识点给予了较低的重视程度。这样的话，在那些非重要的知识点上他可能比数学能力很强的学生还要熟练，但是在重要的知识点上却没有得到任何发展。这样一年下来，数学能力较强的学生记住了大约十个左右的关键概念并且可以将这十个概念运用得十分灵活，而数学能力差的学生只是似是而非地知道了一大堆无关紧要的数学事实而已。

没有进行很好的知识分级的学生应付一下平时的小测验还可以，但是考试时就一塌糊涂。直到他们参加考试为止，他们的脑海中都被那些不重要的事实和公式所填满，这些事实和公式究竟是什么意思可能他们都不知道。

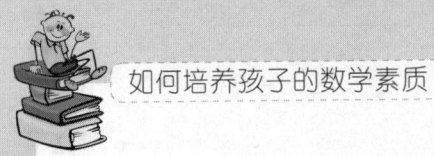

这些学生常常在历史课上表现出众，因为他们有能力在几天或者是几个星期内记住大量的信息。然而，这种记忆的能力或者说学习方法根本不适用于数学的学习。因为他们只是可以将一大堆信息记住一段时间，而没有将这些信息进行分级。因此，他们以一种杂乱的、未分级的方法来获得信息，用同样的精力来对待重要的和次要的信息，最终会将这两种信息同时遗忘掉。

如果老师讲的知识点完全不重要，那么数学能力强的学生有时甚至比数学能力差的学生对这个知识点的理解还要差一些。他们本能地认识到这些信息是无关的，并且发现记住这些公式几乎是不可能的。

亚洲教育体系是如何处理知识分级问题的

美国的数学课和教科书很少对知识进行有效的分级。取而代之的是，很多课程和教科书都将一大堆重要和非重要的信息混合在一起。可能在一段时间内，学生们会学习因式分解的方法和技巧，这个知识点在数学中是极其重要的，而另一段时间他们又在学习统计学中著名的茎叶图，而茎叶图本身在数学的学习中并不那么重要（茎叶图是收

2 亚洲体系

集统计数据的基本方法）。数学能力强的学生已经培养了一种识别重要知识点的能力，所以他一见到重要的知识点就要透彻地搞懂，一见到非重点的知识点就一带而过。数学能力较差的学生就不具备这种能力，因此他们经常"挣扎"在数学课上。

另一方面，亚洲教育体系并不依靠某个学生自己的能力来对知识进行层次化。取而代之的是，他们直接用一个已经将信息进行过层次化的授课体系来教授学生。

正如我们之前讨论过的那样，亚洲教育体系采用的是长时间地对学生进行熏陶。然而，这并不是说亚洲体系是随机地熏陶学生。亚洲体系会要求学生时不时地练习一下。例如，时不时测试一下二次方程；时不时测试一下基本的导数和积分；时不时测试一下正弦函数、余弦函数以及正切函数的定义。请注意，他们并不是在对某个知识点进行大考之前才测试，这种测试是经常性的。一个十岁大的学生就可能测试过正弦函数的相关知识。他在上学期间关于正弦函数的首次大考也不会拖很长时间才进行。

然而，学校并不对次要的知识点经常性地进行测试。例如，对于统计学中茎叶图的案例（除非是专门考这个案例）就不会对大家进行测试。再比如，符号的笛卡尔法则

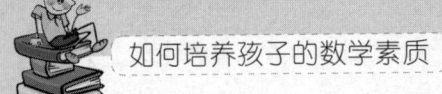

（微积分预备知识之一）也不会对大家进行测试。这并不是说这些知识点不重要，而是说它们对于发展基础性的方法和技巧（例如，分数乘法或因式分解等）不是那么重要。

亚洲教育体系不是等待学生自己将信息进行层次化，而是靠不断强调重点内容以确保学生对信息进行正确的层次化。

假以时日，亚洲教育体系确实帮助学生们开发出了自己的知识层次化体系。由于重要的信息经常被强化，因此学生们培养了一种识别数学中重要知识点的直觉能力。当他们学习数学中其他内容的时候，就可以用已经增长了的知识分层的能力来对新的信息进行层次化处理。

亚洲教育体系如何确定学生是否学会了某个知识点

我们已经知道了亚洲教育体系如何使学生高效地解决问题，也知道了亚洲教育体系如何避免学生由于对知识陌生而产生的距离感以及确保学生对知识进行正确的分层，但是如何确定他们已经学会了相应的知识点呢？亚洲教育体系是如何确保他们真正学会了他们所做的事情呢？

随着你对一件事情越来越熟悉，你的精神和意识也就

2 亚洲体系

越容易接受它。对数学而言，学生更容易接受那些比较熟悉的知识。随着他们自觉不自觉地对这些话题进行探索，他们对这些话题的熟悉程度也就随之加深。

亚洲教育体系并不总是直接教授学生某些知识点，至少最初不是。亚洲教育体系并不是对相应的知识点作出详尽的说明，而是将精力集中于确保学生足够熟悉知识点以至于自己可以将其融会贯通。亚洲教育体系实际上也会对知识点给出解释，但是它更注重于学生是否掌握了这种学习的方法。举例来说，学生先学会了如何进行分数乘法，然后才学到为什么这种方法会奏效。

当学生知道了所学到的知识点的相应解释时，他已经对这个知识点掌握得相当熟练了。这就允许他将全部认知的能力放在弄懂一个问题上，而不是将其精力的一部分用来弄懂这些概念，另一部分用来学习这些机制和方法。

亚洲教育体系使学生有了依赖性

在刚开始的章节中，我们探讨了学生为何要学习数学。我的解释是数学发展了人们的心智，教会了人们分析问题和解决问题的方法和途径，诸如此类。但是，如果光从表

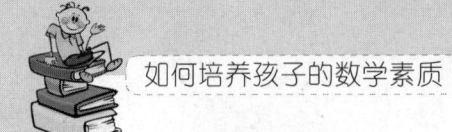

面现象来看的话，亚洲教育体系似乎并没有做到这一点。它似乎把学生培养成了不假思索只会做题的机器。是的，亚洲教育体系下的学生只会快速地做某些数学题，但是对大多数人来说数学本身并不重要。重要的是数学发展了人们的心智。亚洲教育体系侧重于训练和磨练人们的心智。但这真的奏效吗？这真的发展了学生们的心智以及增长了他们的智慧吗？还是仅仅让学生们有了依赖性，而只会做几种特殊类型的题目呢？

这是亚洲教育体系所关心的最终的也是最重要的问题。对于知识点的反复磨练是必要的。练习也是必要的。记忆更是必要的。但是光有这些还不够。学生们还需要研究一些具有挑战性的问题。

具有挑战性的问题是那些让人们算上至少20分钟或者更甚者思考一周的问题。这些问题迫使学生们将他们所学的知识以一种新的方式综合起来并绞尽脑汁来做。这个过程使学生们变得更加聪明，并且不仅仅是数学，在其他方面也会做得更好。

给小孩子的富有挑战性的问题很好找：就找一些稍微高级一点的问题就可以了。举例来说，如果他们已经学会了一位数的乘法，那么可以让他们试着计算两位数的乘法，

2 亚洲体系

这足以让他们绞尽脑汁想一会儿了。其实孩子们是否能解出题目并不重要，重要的是，只要努力去思考，他们的智力就能得到锻炼和增长。

如果你精通数学，可以试着给那些年龄稍大一些的孩子们出一些富有挑战性的难题。但如果你不太懂数学的话，那么你可以使用一些其他的辅助资料，比如 SAT I 和 SAT II（译者注：SAT 考试是美国高中生进入美国大学必须参加的考试，也是世界各国高中生申请进入美国大学本科学习能否被录取以及能否得到奖学金的重要参考）的数学练习和数学测试题目。这些书中的练习很多，并且这些书在很多书店都可以买到。这些书每一节的习题中靠后面的部分一般都是本节中最难的习题。举例来说，如果 SAT 的书中某个章节有 25 道题目，那么第 23 题、24 题和 25 题通常都是这一节中最难的题。

如何采用亚洲教育体系

以下是一些能够帮助你的孩子开始采用亚洲教育体系学习的一些准则：

1. 每天找出一段时间来专门学习数学。最标准的是每

天1小时，坚持每天专时专用学习数学。用此来补充数学作业的不足，要年复一年地坚持下来，当然也包括假期和周末。

2. 从传统上来说，除了每天的数学练习之外，父母还要时不时地搞些小测验抽查一下，可以单纯考查孩子的数学知识，也可以出些数学题考查他们一下。这些考查未必非得用非常严肃的形式，平时就可以，比如坐车时或者吃饭时考查孩子们一些问题即可。

3. 要准备的材料：可以用数学教材或者练习册上的习题。如果你的数学非常好，也可以使用芝加哥大学数学项目的材料，名称是《芝加哥数学》。这是一个"专家系统"式的图书，因为你必须足够懂数学才能使这个系统高效地运转起来。

4. 狂热的献身精神。所有孩子（包括亚裔儿童）刚开始的时候都是比较抗拒亚洲教育体系的。他们可能会说他们的朋友之类的都没有额外的数学作业，并且可以为所欲为。请你坚持让你的孩子做这些额外的作业，并确保他们确实做了。你的孩子可能不喜欢这一切，但是他很快就能看到这些东西带给他的好处。

5. 持续不断地复习所学过的东西：在这个过程之中，

确保你要对学过的东西进行不断的重复。

6. 专注于基础知识。一天中的每个小时都应该花在主要的问题上（比如分数加减法），而不是次要的问题上（例如，前面所说的茎叶图）。

7. 学习的时间越多越好。每天学习两个小时要比每天学习一个小时要好。当然，三个小时就更好了。

8. 经常提醒你的孩子，数学有利于发展他们的心智，而且做额外的练习会使他们比其他孩子更加聪明。我的很多学生自愿每周花上几个小时来做家庭作业以外的练习，因为他们知道这些额外的训练有益于他们自身，而并非有利于他人。

你应该从今天起就开始在亚洲教育体系下学习数学。只要你的孩子能说话就能开始这项练习，并且这个过程开始得越早越好。你既可以把这一切应用在一个17岁大的孩子身上，也可以用在一个成年人身上，都会起作用。实际上，我的很多年龄稍大的学生自愿把时间花在亚洲教育体系所要求的内容上，其效果和年轻的学生一样好。然而，对大多数年轻学生而言，你还是要主动促使他们干这些事情。他们不会喜欢这些练习，但是这些练习会使他们在数学乃至人生方面更加成功。

如何采用认知负担过重

亚洲教育体系可以避免使学生们的认知负担过重。有趣的是,在某些方面你确实使用了认知负担过重作为有力的认知动机。

假设一个孩子坚持用加法来进行乘法运算,而就是不记忆九九乘法表。举例来说,这个孩子计算 19×6 的方法就是将 6 连续加 19 次,也就是 $6+6+6+6+6+6+6+6+6+6+6+6+6+6+6+6+6+6+6$。这种方法不但慢,而且麻烦,还有就是效率很低,惨不忍睹。经常地,这几乎无法说服这个孩子使用他所记住的某个数学事实。

父母和老师的想法是对的!真是那样的话,学生会觉得完全被打垮。他们一定会试图去寻找更好的方法,不然也太郁闷了。

3　自我感受和两极分化

情景之一：

你是一个七年级的新生,这是你今年第一堂数学课。老师在讲解着某些知识,而你却发现教室里的其他人比你学得要快。你能够解答出数学题来,但是你做得要比别人慢一些。在这堂课的最后,你会产生一种想法,那就是你在数学方面比别人要差。

第二天的课程会加强你的这个认识,因为你会觉得其他人确实看上去比你优秀。事实上,他们最多比你快5%,但是在你看来,他们比你快了至少十倍。也就是这一阵(其实新学年刚刚开始两天),你就确定地认为你不擅长数学了。在本周的最后几天,你百分之百地确定了这些事情。

实际上，你从此就认为自己的数学很糟糕，不会学有所成了。当老师给你一道富有挑战性的题目的时候，你几乎不会去试着做一做这道题就放弃了。其实这并不是你的本质。你是一个在数学学习中痛苦挣扎的孩子，你有哪些机会接触到难题呢？

当你做作业时，你经常心不在焉。在你的心目中，就像运动员搞体育运动，摇滚歌手唱歌那样，你认为把数学题做错也是天经地义的。

但是你经常能找到一些不符合你理论的证据。在一次数学测验中，10分满分的卷子你得了9分，而你们班的其他人都没有通过考试。但是由于你和你班上的其他人都认为你的数学很差，结果就连你自己也认为这"纯属意外"。人人都将这件事传为笑谈。他们笑的是一个数学呆瓜怎么可能考得比其他人好？甚至连你的父母也认为这是一场闹剧。

一次次地，你的数学老师说你的数学成绩很优异，并且你在数学能力方面并没有什么缺憾。当然，你的老师在这方面有些权威性。但是你已经习惯了以前若干年的经验，这些经验可能来自于你其他的老师或者朋友，他们认为你的数学很差。很显然，你顽固地认为那个赞赏你的老师的

3 自我感受和两极分化

观点是错的而其他人都是对的。

情景之二：

你刚刚开始你七年级的学生生活，在你的第一堂数学课上老师所讲的课你妈妈去年夏天刚好教过你。你对老师讲的东西已经知道了，因此你对这些东西的理解比其他同学都快。你的所有同学都看到了，老师夸奖你的数学能力强。实际上，在这堂课最后，你就真的成了这堂课上最优秀的学生。这和同学及老师在刚上课时对你的看法不谋而合，也和你自己刚上课时对自己的看法如出一辙。等数学课上了一周，数学就真的成了你的强项了。

一次次地，你把作业中那些较难的数学题解决掉。但是班上其他人是否也能做出呢？就像运动员搞体育运动，摇滚歌手唱歌那样，你的使命就是把数学题做得比其他人要好，要快，并且你必须坚守这个使命。一个难题可能会花上你五个小时的时间，但你就是要把它做出来。

但是经常遇到的问题是，你的经历和你对自己"数学强人"的认识恰恰相反。可能在一次测验中，10 分的测试你只得了 5 分，而班上其他同学至少得了 8 分。甚至平时最

淘气的孩子都得了一个很好的成绩。每个人都觉得好笑，那个淘气的孩子对全世界宣布在这一时刻他比你聪明。太多的质疑接踵而至，就连你的父母都觉得这很可笑。你爸爸告诉你不要太拿这个测试当回事，这个测试就是一个笑料而已。当然，你并没把这次测试当回事，你认为那不是真实的你。

首先，在上述两个情境中发生了两件事情。情景一中的孩子通过和班上其他人的比较，对自己的能力有了一种觉察。请注意，自我认识是一种通过比较而得出的自我认知，而不是通过准确的测量。在数学课上饱受煎熬的孩子不会测量他的同学比他强多少，而只会认为自己是班上数学最差的学生。不管别的孩子做题比他快10秒钟还是10分钟，他始终是最后一名。

其次，在上述每种情境中，班级中的孩子们都自发地将班上的同学划分等级，分成数学好的学生和数学差的学生，这个档次的划分又强化了这些学生们的自我觉察。任何一个组织都会建立各种等级制度，甚至连身高都会成为划分等级的标准。被认为是最胖的孩子就是胖的，尽管他可能不是真的胖。被认为是最迟钝的孩子就是迟钝的，尽管他可能仅仅是比别人稍微迟钝一点而已。被认为是最聪

3 自我感受和两极分化

明的孩子就是聪明的，尽管他可能仅仅是比别人稍微聪明一点而已。微小的差别被人为地夸大了，组织内部也划分出了不同的等级。

当然，一个好消息是，让一个孩子自认为是聪明的有时并不需要他真的比同伴们聪明很多，只需要稍微聪明一些就行了。一旦他和他的同学们认为他是一个数学好的学生，他的自我认识以及组织里的档次划分都会强化这种状况。

使用这种方法最简单的途径就是在暑假时提前学习一下下学期要学的东西，学上几周就有效。找到下学期用的教科书，浏览一下前几章的内容就可以了，这样一来，你的孩子在下学期就会比别的孩子稍微领先一点点，他就更有可能认为自己在数学方面比其他人优秀（他的老师和同学同样也会这样认为）。

然而，如果班上其他孩子也这样做的话，你就要做得更加努力一点以保持领先地位。这里有个小秘密，那就是100％的亚洲父母都在采用这种方法。亚裔学生能够在数学学习方面取得成功的一个最大的原因就是他们的父母让他们在暑假花了一定的时间（通常是每天一到两个小时）来学数学。

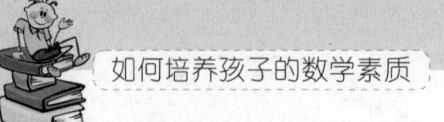

改变自我认识

暑假、寒假以及春假是改变孩子自我认识以及他在班级中地位的最佳时机。当其他孩子在假期中荒度时光的时候，你的孩子超过他们的机会就来了。如此照方抓药，开学的时候，你的孩子就会独占鳌头了。

同时，让你的孩子认为自己是那种在假期也可以工作的人。他逐渐会将额外的工作看成是他自己生命的一部分，并且这些额外的工作会使他走得比别人更远。

鸡头还是凤尾

有时父母有这样的问题，那就是把孩子放到一个竞争性强的学校，让孩子整天为了学习努力奋斗好，还是去一个差一点的学校让孩子做学习领先的人好呢？

首先，事实上绝不仅仅只有这两种选择。靠额外的训练就可以使你的孩子在好的学校中名列前茅。

但是，我们就暂且假设只有这两种选择。那到底让孩子做"鸡头"还是做"凤尾"呢？

3 自我感受和两极分化

　　正像我们讨论的自我认识的重要性那样，有一点重要的现实情况需要大家知道。在较差的学校中学习成绩靠前的学生会认为自己在数学方面很有优势，进而他会更加努力地学习，但是他会缺乏一些更加苛刻的训练，这种训练是好的学校可以提供的。简单说来，就是他没学的足够多以至于他并不是自己想象中那样聪明。这样的话，他在日后踏入社会与他人竞争时，很可能会失败。

　　奥林匹克运动会中的最后一名仍然是世界级水平的运动员。好学校的差一些的学生可能也会强于差学校的名次靠前的学生。当然，在好学校的话就要求学生们更加努力更加拼搏一些。所以当他们面对差学校中缺乏足够训练的学生时，超过他们就易如反掌了。

4　激励和奋斗：发展个人心智的艺术

如果老师教授得当，数学会提升人的心智，就像体育锻炼可以增强人们的肌肉一样。但不是所有的教授数学的方法都行之有效；实际上，最近才刚刚被采用的一些方法就适得其反。这些方法不仅没建立起孩子们的认知技巧，而且导致了他们能力的萎缩。

有三件事情可以发展人们的认知能力。第一件就是年龄的增长。即使接受的是最糟糕的教育，人类的生理的发展也会发展人们的认知能力，一个十六岁的成年人一般来说要比一个两岁大的儿童更加聪明。

第二件可以发展人们心智的事情就是对外在事物的接触。经常接触有趣的事物和问题的孩子能够自由地扩展他们的思路并探索新的思维模式。举一个简单的例子，玩魔

4 激励和奋斗：发展个人心智的艺术

方的孩子能够发展出更好的空间想象能力与三维推理能力。

第三种方法是激励动机。玩魔方的孩子可能会发展出很强的空间推理能力的基础，然而，如果没有很好的激励，他也不会把这种能力发挥到极致。如果他无法想出解决魔方问题的方法，就很有可能从此放弃这个东西。

发展个人动机的想法有两件事情是必要的。第一，必须有一个问题不容易解决，那么孩子绞尽脑汁想出解决这个问题的方法就会使他的心智有所发展。如果学生拿到的试题永远是靠他当前的水平很容易作出来的，那么他的心智也就谈不上得到更好的发展。可想而知，整天举一个只有半斤重的哑铃不会使肌肉得到增强，同样，整天做简单的数学题也不会使一个人的心智得到发展。

那些天资聪颖的学生的家长反而更容易忽略掉这一点，而仅仅让他们的孩子处在一种宽松的环境之下。这样反而使这些孩子没有用武之地。这就好像一个先天条件很适合当运动员的人没有经过刻苦的训练，就泯灭了他的天赋一样。

无论一个学生多么聪明，他都必须去做一些他最初不会做的富有挑战性的数学问题。如果他能够在五分钟之内解出一道题的话，这道题就不能算是一道富有挑战性的题

目。那种富有挑战性的题目一般会花费一个人二十分钟到一周的时间来解决。

一旦你遇到一个确实难以解决的问题,你所需要的就是激励了。如果学生没有解决难题的激励,他必然会直接走开,对难题不理不睬。然而,如果你了解了如何激励你的孩子,你就会用正确合理的激励来促使他们做题。以下列出的几项就是会激励他们的事情:

1. 渴望给人留下印象。如果你的孩子渴望给你留下一些深刻的印象,并且想通过努力作出一些难题来达到这一目的的话,你需要做的就是当他作出难题时,给予他语言上的赞美。

2. 渴望得到自我提升。从某种程度而言,每个人都想把事情做得更好。每个人都想变得更加聪明、更加强壮。经常,这种变强的欲望会压倒其他的欲望,而且这种欲望从不会消散。利用好人们的这种欲望来激励他们是我所知道的最好的方法,也是我最为推崇的方法。

3. 物质激励。家长们可能会用金钱或者玩具等物质激励手段来激励孩子们努力学习(举例来说,孩子每次取得 A 都会得到 20 元钱或者一个电子游戏)。我们会在本书后面的章节中讨论这种方法,其实这种方法是最无效的。

4 激励和奋斗：发展个人心智的艺术

4.惰性。利用惰性的激励方法也是我所推崇的。每个人其实都不想工作。如果解一道难题可以使学生少做将近二十个小时的数学作业的话，他一定会竭尽全力作出这道难题。

很多家长不经过大脑的所作所为正好适得其反。越优秀的学生要做的功课就越多。一旦作出了一道难题，更难的题就会等着他。如果这样的话，一个聪明但是懒惰的学生就会故意做错题以避免更多的题目。这种现象以及解决的方法我们会在本书的第 11 章中进行讨论。

一旦你拿到一道难题，并且希望给你的学生一个强的激励，你需要做的就是躲在幕后看着他努力解题。要耐心！不要告诉他解题的方法或者给出任何提示。完全安静地待在那里，等待孩子把题目解出来。经常地，在孩子做不出来的情况下，每五分钟给一个提示。

孩子花在这道题上的每一秒钟都会使他变得更加聪明。他的认知能力在一点一点地增长。如果你能创造这种机会，就会使你孩子的数学能力得以增长，这一过程可能很慢却很有效。

当我看到我的孩子冥思苦想一道数学题目的时候，我想到的是加油站加油的计价器表，上边的数字不断地增长，

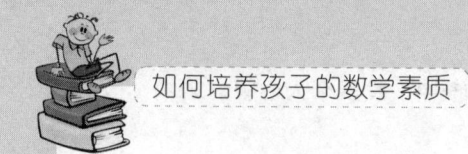

象征着孩子的数学能力也不断地增长。孩子每一秒钟的思考都会得到智力上的提升。

每道难题要给予孩子们足够的时间。思考难题几个小时所带来的好处要远远大于十分钟做十道简单题的好处。

当你看到孩子冥思苦想数学题的时候,你要知道这种认知能力的加强绝不只是有利于他们的数学能力。这种能力的增强会加强人们在任何情况下分析和解决任何问题的能力。

最省力的途径

假设你想教你的孩子分数加减法。我们看一看几种假设的状况。

1. 你教你的孩子如何手工计算分数加减法,而不教他如何利用计算器来完成这些事情。以后的所有问题他都会用手工的方法来计算分数加减法而不使用计算器。

2. 你先教你的孩子如何手工计算分数加减法。一旦他学会了手工计算的方法,你再去教他如何利用计算器来完成这些事情。以后的所有问题他都会有两个选择,那就是用手工的方法来计算分数加减法或者使用计算器。

4 激励和奋斗：发展个人心智的艺术

3. 你教你的孩子如何手工计算分数加减法的同时教他如何利用计算器来完成这些事情。以后的所有问题他都会有两个选择，那就是用手工的方法来计算分数加减法或者使用计算器。

4. 你只教你的孩子如何用计算器计算分数加减法，而不教他如何手工计算。以后的所有问题他都会用计算器来做。

哪一种方法才是最好的教育方法？首先，第2个方法看上去最好。在方法2中，学生既学会了手算分数加减法又学会了如何使用计算器来计算，这种方法看上去比较综合。

很多选择方法2的人们认为方法2是次优的选择，方法3是第三优的选择，并且方法4是最不负责任的。然而，从实践来看方法2、方法3以及方法4是同等效果的。

我们先来看看方法4。家长没教过孩子手算分数加减法，因此孩子没有任何动力去手算，因此他总是使用计算器来计算。这个孩子将不再有动力去学习手算分数加减法。

在方法3中，孩子会选择手算或者用计算器计算分数加减法。用这两种方法都可以得到答案，但是显然用计算器的方法更加简单。因此，孩子可能总是使用计算器。即使孩子刚开始学过手算分数加减法，最终也会因为计算器

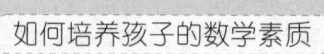

而忘掉这种方法，从而终身依靠计算器。

最终，我们来试试方法2。首先，先让学生学会手算分数加减法。然而，最终他也会有一个选择去使用计算器进行分数加减，他就会总使用计算器而放弃手算。这会使他忘记手算分数加减法。若干年后，他就会彻底丧失手算分数加减法的能力。

我已经在华盛顿地区的公立和私立高中的上百个学生中用过这些方法，他们都不再会使用手算的方法去计算分数加减了。他们曾经一度会手算分数加减法，但是5年的计算器使用，这种手算的能力就彻底丧失了。如果学生们不会手算分数加减法，他们也就丧失了求解其他几种更复杂问题的能力（例如，有理整式、分式的运算等），他们最终会发现自己已经完全弄不懂数学了。

这一原则不仅仅表现在分数加减法上。在大多数情况下，人们会选择最省力的途径。解决某种类型问题的最简单的有效途径最容易被人记住，而其他方法就被忘记了。

重要的是，学生们不想忘记他们的技巧。类似地，一名运动员如果几个月不锻炼，强度不那么大了，他的肌肉就会萎缩。它自然而然地发生了。人类的大脑和肌肉一样，不会浪费资源来维护或者开发不必要的能力。

4 激励和奋斗：发展个人心智的艺术

"省力"模式

当你用手工方法计算数学题目的时候，你的大脑会搜索一种解决方案来简化你要进行的工作。举例来说，你可能知道，将一个整数乘以 10 的方法就是在这个数字的末尾加上一个 0（例如，$37 \times 10 = 370$）。

一些人错误地认为过度使用计算器的学生会主动地探寻这些解题方案与模式。我们有理由相信，即使一个学生使用计算器来做数学题，他也会发现并深入思考这些解题模式。

这一观点忽略了一些显而易见的事情。那就是绝大多数的人仅仅当有了需要的时候才去主动寻找这些模式。举例来说，我们有时会寻找一些简化计算的模式，但是如果没有动机的话，我们为什么要去浪费精力和资源来找这些模式呢？除非学生们有着非常强烈的而且是发自内心的对数字的兴趣，否则他们不会花费时间去找这些模式。

寻找这些模式本身也是一件尖端的智力训练。同样重要的是，这些模式使得学生们可以迅速解决很多难题。一个学生如果使用这些模式，可以在 3 分钟内解决一道 SAT

难题；而不用这些模式，可能会花费几个小时解出这道题。

"我不会做"

我曾经和很多学生有过以下的对话。

学生：我不知道怎么做这道题，一点都不知道。

笔者：你是知道如何作出这道题的。

学生：我不知道啊。

笔者：你知道。

学生：老师，说实在的，我真的不知道。

笔者：你确实知道。

学生：我真的不知道，告诉我吧。

笔者：不！

学生：是不是应该这样……哦，不对！我忘了。

笔者：你知道，想想！

学生：求您了，告诉我吧！

笔者：不告诉你，自己好好想！

学生：能给我看一个例题吗？

笔者：不行！

学生：能给我点提示吗？

4 激励和奋斗：发展个人心智的艺术

笔者：不行！

学生：是不是应该这样做？（学生开始正确地着手做题了）

笔者：嗯，孺子可教！

当一个家庭教师、老师或者家长听到孩子说"我不会做"或者"我不知道"的时候，往往第一个念头就是告诉孩子们怎样做题，但是这在多数情况下是不正确的做法。这只会对孩子们有害。

当面对一道一时做不出来的题目时，学生有两种最基本的选择。第一个，也是最难的选择是真正弄懂怎样做题。这个选择往往意味着一段时间的煎熬或者可能是迷惑。经历了这一过程，他的大脑会从各个角度对这个题目作出分析，找寻作出题目的关键。也正是这一段时间的紧张的大脑锻炼构建与增长了他的智慧。

另一个选择是回答"我不会做"，随后从老师或者家长那里得到问题的解答，但是当学生得到答案的时候，他也就丧失了一次发展自己的能力来分析及解决一个不熟悉的问题的机会。换句话说，他丧失了一次增长智慧的机会。

正如前面所讨论的那样，人们的大脑总会找寻最省力的方法来完成一件事情。绝大多数的学生在那种环境下会找最简单但也是最有益处的方法。

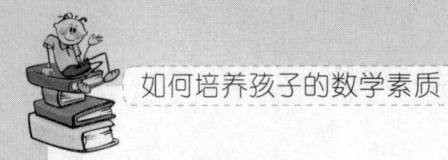

但是，如果一个面临难题的学生知道没有人会告诉他答案会怎样呢？如果他知道他唯一的选择就是自己去做这道题，那么他只有自己去冥思苦想，这当然也就发展了他的心智。

因此，当一个孩子问你一道数学题答案的时候，99％的时间你不告诉他比告诉他对他的好处要大。通过让他自己重复性地解决数学难题，会逐渐建立他的基础性数学推理技巧。

这件事需要你很多的耐心和原则性。当看到孩子冥思苦想数学题而不得其要领的时候，想告诉他们答案的欲望会完全打倒你。你想告诉他们这道题目的答案。刚开始看着他们冥思苦想时，你会认为你的好心会帮助他们。请等一等。千万不要显示出丧失耐心，并且确保他知道你不会把答案告诉他。在一道数学难题上花费二十多分钟的时间不是什么错事，何况这二十分钟对发展孩子们心智的帮助要远远大于听二十小时的答案对孩子的帮助。

有时候，你甚至可以使用更为有力的方法来使这一过程更加有效。我最喜欢的方法之一就是 Hydra 方法，我们会在本书后面的章节中讨论这一方法。每次学生忘记了如何做题，我们就给他另外两道类似的问题。如果做错了其

4 激励和奋斗：发展个人心智的艺术

中一道，就又会被加上两道，以此类推。每次给他额外的题目时，我都给他一点提示。当给了他十六道额外的题目时，我再给他另一个提示。这将会给他的大脑一个强烈的暗示，让他去学着怎样解题。（Hydra方法的命名源于希腊神话中的那个长着多个头的怪物美杜莎。如果她的一个头被砍掉，马上会有另外两个头在砍掉的地方长出来。）

Hydra方法是一种非常强烈的激励方法。当一个学生为了得到提示而不得不多做两道题的时候，他们一定会立即把所有的精力和智力都花在解题上。

然而，对于太难做的题目来说，Hydra方法也无计可施，最好的方法就是让孩子们自己冥思苦想。举例来说，像指数运算法则这样的问题，你可以使用Hydra方法来激励孩子们自己做题。但是在很长的几何证明题中，Hydra方法就显得毫无意义了。对于这些问题，就让孩子们自己使劲去想吧。

得到得容易，忘掉得也快

在我刚刚开始辅导学生们数学的时候，一听到孩子们说某道题目不会做，我就告诉他们答案。但是我很快意识

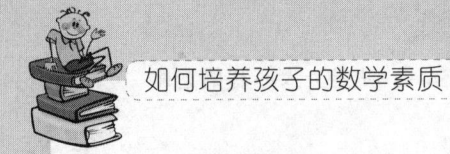

到我一直在对同样的一些学生回答同样的问题，对此我大惑不解。我的直觉告诉我这些孩子都很聪明，他们不可能一个星期下来就会忘掉这些问题的答案。

当然，我现在知道，原因是我的所作所为没给这些孩子带来任何记住这些信息和知识的动力。他们可以随时随地得到我的帮助，也就是能随时随地得到答案，那为什么需要记住这些答案呢？

那些通过自己冥思苦想把题目尤其是难题作出来的学生们不会忘记题目的解法，他们会记住这些解法长达几年之久。与此形成鲜明对比的是，被别人告诉答案而不是自己作出题来的学生，可能连一天都记不住，特别是如果他知道自己可以随时得到答案时就更糟。他们没有任何记住这些知识的动力，这些孩子在考试以及标准化测验中会表现得很糟糕。

有时我也会给学生提示，极少的状况下我也会先让学生冥思苦想几分钟再告诉他们答案。即使是要给他们最简单的提示，我也要在提示之前先给他们出几道题作为引子。这样做的话，给完提示他们才会记忆得长久些。另外要说的一点是，如果这个学生忘记了这道题的解法，我不会再给他解释第二次，而是会帮助他回忆着把题目作出来。这样做可以使

4 激励和奋斗：发展个人心智的艺术

学生发展出可以做出题目的认知能力来。

不超过1%的情况下我会告诉学生一个完整的答案，第一次给学生看一种类型的题目时，我会告诉他怎样去做。举例来说，如果一个学生以前从没学过分数的乘法，我就会告诉他如何去做。（先让他冥思苦想几分钟。虽然你会告诉他正确的做法，但是大多数学生实际上是能够自己想出做法的。）

请注意，当学生说"我不会做"的时候，他是在说真话。他刚拿到题目时可能真的不会做，他会想上几分钟才能作出来。你所要做的工作就是确保他有自己做题的动力。只要他有动力将自己全部的脑力都集中在这道题目上，他就能发展他的能力和智力。

然而，正如谚语所说的，一个人的声誉需要穷其一生来建立，但是只需一秒钟就可以毁掉。你只要有一次在学生说"我不会做"的时候告诉了他正确答案，孩子就会认为他总是可以从你那里获得帮助。这样，他就有了依靠，发展孩子的心智所做的努力就毁于一旦了。

如果你从不给学生答案，一向是让他们自己想出答案的话，99%的时候你是对的。你这样做的结果是发展了他们的认知能力、独立性、自我尊重以及自信心。

另一个极端

不给孩子们答案并不意味着让孩子们信马由缰地做题。如果你仅仅是拒绝提供答案，并且离开了教室，这些孩子们将会放弃做题，干起别的事情来。要保证孩子们一直在想着怎样做题才是重要的。

最后，检查学生们做题的工作也是很重要的。请记住，大脑会选择最省力的途径来解题。如果学生们知道了自己的工作不会被详细地检查，他可能就会尝试着简单写几个和题目本身不相关的步骤来应付差事。很多数学教科书给出了课后练习奇数号题的答案，所以应该让孩子们仅仅去做偶数号题。每一步都检查要好过只检查最后的结果。一旦你熟悉了这些步骤，检查起来就会很快了。

不要仅仅依靠学校的教师来检查孩子的家庭作业。在很多学校中，教师检查作业通常都不那么仔细，这就意味着孩子们会敷衍了事，仅仅交上作业就可以得到满分，而不管内容如何。除非你的孩子很幸运地遇上了一个精明强干的老师，否则你就有必要去确保你的孩子得到了正确而有效的教育。

5　家庭作业：每日激励

我们都有这样的经验，当一个小孩蹒跚学步时会摔倒。这时他或她会立即观察父母的表现。如果他父母表现得大惊失色，孩子就会放声大哭；如果父母认为没什么了不起，孩子也会不当回事地爬起来继续玩耍。

世界对于孩子来讲是全新的，他根本不知道社会或者他人所期待的东西是什么。因此，他对于眼前的困境会仿效某些"权威"的做法来决定自己的反应。

如果您的孩子经常不完成作业，那只有一个原因：他的父母没有真正地、完全地以及在事实上将孩子不完成作业这种行为当回事。他们知道孩子应该每天做作业，他们也知道作业会使孩子更加聪明，以及带给孩子更多的机会。但是有些时候，他们还是会忽视家庭作业的重要性。

我的意思是我们可以列出一个关于影响心理状况的列表，这些状况可以影响你的孩子，比如切断手指。这是一个相当短的列表，如下：

1. 这件事绝对会影响他的一生。

现在我们列出一个允许你的孩子不写作业的列表。如果你的孩子经常写作业的话，这个列表不会太长。实际上，这个列表与上表是相同的。

如果你的孩子总是不写作业，你的列表将会显著变长。表面上看起来，这确实有些意义。毕竟切断手指是一个严重且痛苦的外伤，令人难以忘记。但是不写作业看起来好像不是那么严重的事情。

但是，我们来客观地看待事情。孩子没了一根手指（或者胳膊）的话，尽管他会在一所竞争很激烈的大学中失掉优势，但是他还是可以在经济全球化的浪潮中和其他学生相竞争。他过上幸福生活的机会还是很大的。

然而，如果一个孩子经常性地不写作业，他将会在学校的竞争中失败，进而连以后和别人竞争的机会都会丧失。因此，从实际的角度来讲，不写作业实际上的伤害比失去一根手指更大。

一旦你完全接受了"家庭作业非常重要"这个观点，你的

5 家庭作业：每日激励

行为也就会随之改变。为了保证你的孩子不伤害手指，你要做些什么？任何事情，不是吗？现在请将写作业这件事放在同等重要的位置上。为了让你的孩子写作业，你应该尽你所能。

如果你真正地从根本上明白了无论怎样作业也必须要完成，你的孩子就会有相应的行为，也就是按时完成作业。但如果你不这样认为，你的孩子也就会经常性地不完成作业。

自我感受与个人习惯比完成一件事情的动机要重要得多

如果你问一个数学天才的父母用什么方法来激励孩子做作业，他们会很诧异地看着你，就仿佛你来自外太空。当然，他们最终还是会恢复常态并给你一个礼貌的答复。但是你经历了刚才那一幕，你就应该全明白了。

数学天才的父母只在孩子很小的时候给过他们激励，后续可能还给过一点激励而已。这就好像教孩子如何上厕所。孩子第一次自己正确地上厕所时，父母给予他们极大的鼓励与赞扬，甚至是一些小的奖励，但是极少有父母因为一个15岁智力正常的儿童正确地上一次厕所而去奖励他。因为这是那个年龄的孩子应该做的事情。类似地，如

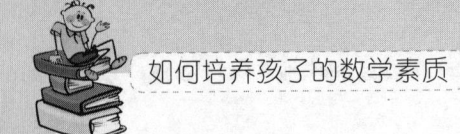

果一个孩子每天都做作业，那就不会总是得到表扬了，这是他应该做的。

那么你的所作所为呢？你是如何使做作业成为孩子生活中的必需品的呢？

第一，你的行为和态度要有一致性。大事永远是大事。如果一件事一会儿是大事，一会儿又不是大事，那会让人无所适从。例如，你的孩子割伤手指这就永远是大事。如果你认为这无论如何都是大事，那么请将学校留的作业也当成同等重要的事情来看待，这会使你的孩子变得更加卓越，请拭目以待。

第二，你要给孩子创造学习的环境。首先，你要给孩子一张桌子、适度的灯光以及一个低噪声的环境。桌子应该适合于坐在旁边工作，例如课桌或者饭桌那样的桌子就行，如果是咖啡桌或者是柜台式的桌子就不太合适了。

噪声要尽量地小。不要在孩子学习的时候把电视机或者收音机的声音开得过大。如果电视和孩子学习的地方在一间屋子里面，请把电视机移走。你不需要完全沉默，但是你要想到你的孩子在别人看着电视、听着音乐或者大声交谈的时候是很难完成他的作业的。

要保证孩子读书时有充足的光线。房间如果较暗的话，去买一盏台灯。我知道这些提醒都是显而易见的，但是我

5 家庭作业：每日激励

确实到过很多孩子的房间，这些房间没有提供舒适的环境让他们做作业。

第三，如果你想让你的孩子养成某种习惯，就要选择一个恰当的时机开始。你一天中什么时间刷牙？是上床睡觉之前还是刚起床的时候？你应该不可能有时下午5点刷牙，有时晚上11点刷牙，有时下午7点刷牙，等等。与此类似，让孩子做作业也要找到合适的时机。如果你让孩子在下午3点到11点之间做作业，他可能做不到；如果你让他每天下午5点到7点之间做作业，他总是能做到。请确保你的孩子有一个固定的时间有规律地做作业，并保证每天如此没有中断。这样坚持几个月，孩子就会形成一个永久的习惯。更重要的是，这将成为孩子的一种自我感受。他将视自己为每天做作业的孩子中的一员而不是每天不写作业的孩子中的一员。正如你在本书前几章中所看到的，自我感受是一种最强有力的行为动机。

最好的"惩罚"方式

现在最普遍的对孩子的惩罚方式不是对孩子生理上的伤害（例如，体罚孩子），就是对孩子心理上的伤害（例

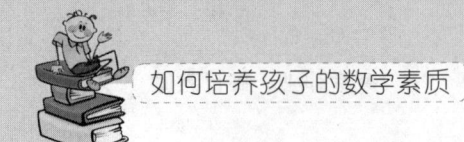

如，让孩子坐在角落）。虽然这些惩罚是被习惯性地使用看，但有更好的选择。

体育教练经常需要惩罚那些轻度犯错（例如，动作缓慢，不清洗队服等）的运动员。有趣的是，这些所谓的"惩罚"在大部分时间往往是对运动员有利的。举例来说，让运动员做五十个俯卧撑来锻炼他的肌肉，让全队的运动员多跑一公里来锻炼他们的耐力。

你可以在孩子学习数学这件事情上仿效一下这种方法。如果一个孩子忘记了怎样做分数加减法，在告诉他方法之后再让他多做一百道类似的题目。为了加强他记住的动力，你可以帮助他回忆起必要的方法和技巧。如果孩子忘记了二次方程的解法，可以让他将公式写上十遍。

有益的"惩罚"是很容易执行的。想方设法它让孩子多做数学题会让你感觉良好。与此同时，你的孩子也会知道你确实在关心他，因此你既会得到孩子的信任，又会得到他的尊敬。

对问题专注是一种可以学习的技巧

如果孩子和你说他不会游泳，他告诉你的很可能是实

5 家庭作业：每日激励

话，也就是他确实不会，他不知道怎样游泳。当然他知道游泳大致是什么，但是他自己就是不会游。

然而，这并不意味着这个孩子有什么生理上的缺陷，这也不意味着他要每天穿着救生衣走路，以避免掉入水中。这仅仅是说他需要上游泳课以及需要一些游泳的训练而已。

类似地，如果你的孩子说他不能集中注意力两个小时以上，他也不是在说谎。这并不意味着这个孩子有什么心理上的缺陷，这仅仅意味着他要学习如何集中注意力，并且要做一些加强注意力的训练。

我第一个学生患有严重的注意缺陷多动障碍（小儿多动症），不过他的智商较高，但是注意力就是无法集中。毫不令人吃惊的是，他的 SAT 成绩很糟糕，因为 SAT 考试需要孩子们集中注意力好几个小时。

对于这种孩子的解决方案就是想办法培养起他集中注意力的能力。我刚开始的时候让他连续做十五分钟的数学题而不能中途中断。慢慢地，这个时间延长为半个小时不中断。再慢慢地延长到一个小时，两个小时，直到延长三个小时不中断为止。最终，这个孩子取得了很好的 SAT 数学成绩。

练习集中注意力的过程就像孩子练习走路，是一个比

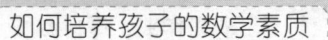

较慢的过程，但是人人都可以练习。

如果你的孩子恰好有这种注意力不集中的问题，那么请你尽快按照上面的方法对他进行训练。不要等到他的成绩成了班上最后一名时才着急。记住，永远不要让他认为自己是无助的，除非你想让他在以后的人生中也这样认为。

那么，我们应该如何去做呢？就像其他类型的锻炼一样，集中注意力的锻炼也要循序渐进。第一周可以让你的孩子集中注意力大约十五分钟的时间，然后慢慢延长到三十分钟，一个小时，一个半小时，等等。大约需要两个月的时间，孩子的注意力就能集中三个小时以上了。

通过这种经历，你的孩子所得到的不仅仅是注意力的集中，还会有很多别的感悟。你将教会他如何掌控自己的人生，并学会突破某些感觉上的极限。你还将教会他如何接受挑战以及要想成功所必须做的事情。

最糟糕的是当你的孩子注意力集中有困难时你还在他学习的时候不断地打断他，这会使他的这种状况恶化。

在他做作业的时候不要让他看电视，在他学习的时候不要让他听音乐或者玩电脑。要帮助他及时改变注意力不集中的状态，不要让注意力不集中成为他终生的缺陷。

如果你的孩子注意力集中有困难这种状况已经持续好

5 家庭作业：每日激励

几年了，请不要放弃。只要你愿意去做想做的事情，就永远也不会太迟。我们上文提到过的患有小儿多动症的学生在我开始教他的时候已经十七岁了，当他十八岁时，他获得了优异的 SAT 数学成绩。

6 享受以及长期激励

我们上一章讨论过在激励孩子做作业的问题上，孩子的自我感觉比他们的动机更重要。然而，真正能够帮助孩子的最好的办法是你能够找到一种适合他们的长期激励方式来帮助他们建立这种自我感觉。

这特别适用于那些极端聪明但是很懒的学生，他们的思维经常是天马行空，不受约束的。因为这些学生看待事物非常客观，所以不容易受自我感觉的影响。因此，对这些学生真正有用的是客观、长期的激励。

为什么有的学生不做作业呢？因为他们没有把他们的短期收获和长期利益进行权衡，他们往往看到了短期收获（一时的乐趣）而忽视了长期利益。对于其他学生而言，尤其是那些与其他学生不太一样的学生，例如，有读写困难

6 享受以及长期激励

的学生或者那些智力发育迟缓的学生,写作业是一个痛苦的过程以至于他们会不惜一切代价来逃避写作业。

但是在以前的一个例子中,有些不一样的地方。主要的细节基本上都是一样的。那个孩子的家庭处于社会的中上等阶层,比较富裕。父母在工作方面都很成功,是医生或者律师,他已经看到了优质教育的正面结果。他住在一个大房子,有车开,他享受的奢侈品完全来自于教育的成功。就算这个世界上只有一个人相信教育的力量,那也应该是他。

一个人离一种状况越接近,这种状况对他来讲就越没有意义。这个孩子很聪明,而且记忆力很好,思维非常敏捷,甚至他注意力集中的时间也要高于平均水平。他并不是不会写作业,也不是太年轻而不懂道理,典型地他处于13岁到15岁之间。看上去他就是不想写作业,所以没写。他的父母(还有老师)经常撕扯他的头发,而这些诱惑与威胁全然不起作用,没能激励他。

为什么这么聪明而且明显知道教育重要性的孩子却不做作业呢?为什么他不为了测验而学习呢?是不是因为他目光短浅呢?是不是因为他不能权衡利弊呢?

令人惊奇的是,答案恰恰相反!这个孩子绝不是仅仅

考虑短期利益的人，他在以他自己的方式考虑着长期利益。

我们来看看这个孩子的愿景。他在物质上被关心着。实际上，如果必要的话他的父母完全有能力让他在生活上随心所欲。他从来没想过需要赚很多钱来改善自己的生活，并且他的想法很可能是正确的。无论他是勤奋地学习，还是从不翻开课本，哪怕看上一眼，都不会对他以后的生活方式有丝毫的影响。他总是可以享受生活并成为亿万富翁。因此，他没有长期的激励促使他努力地学习，他为什么要做作业呢？

他的父母用尽了一切手段促使他努力学习。当孩子取得好的成绩时会送给他礼物或者金钱，当他学习不好时也会呵斥他。然而，这种办法从来也没奏效过。

为什么这些激励会失败？请设想一下你做着一份自己讨厌的工作，在这份工作中，你的工资是固定的，而且你永远不会被裁掉。你是每天辛苦地工作8小时呢，还是每天工作二十分钟，然后听一听老板的训斥呢？如果你真的努力工作一整年，可能得到100美元面额外津贴，你会怎样选择呢？

上文中提到的孩子就面临着这样相似的选择：每天三个小时的学习，或者每天十五分钟的学习，然后被呵斥几

6 享受以及长期激励

句。这个长期的总体效果基本相同。

在工作的那个例子中,如果偷懒的代价是八小时的电击疗法,而每天辛勤工作的收获是二十万美元的奖励,那你将怎样工作?类似地,这个孩子如果每次获得好的成绩都会得到一辆法拉利轿车的话,他将会更加努力地工作。但是在本章中,我们将看到一个更加优雅的系统,人们可以用它来解决任何基本的问题。

奢侈品问题的提出

正如我们看到的那样,这个孩子目光并不短浅。实际上他在想法上比他的父母还要有远见。当他的父母紧张他的考试成绩时,他已经解决了他未来的生活问题。他设计出了一个方法使他不用工作得那么辛苦也能满足其物质需要。他可以随心所欲,比系统更聪明。

这意味着我们需要改变系统本身。特别是系统的长期输出。我们要让这个孩子明白,如果他努力工作和学习的话,他会比现在只靠他父母生活要好得多。

这个孩子当前的决定就是要确保得到生活的奢侈品,他知道他会充分地享受物质生活。

父母如何改变他的这一想法呢？难道要为了改变他的想法而从一个豪宅搬到一个简陋的窝棚中去吗？难道要把皮革的沙发换成木板凳吗？难道就再也不去豪华饭店，而天天吃快餐度日吗？

幸运的是，我们可以把这个问题提出得更加优雅一些。你如何创造出财务独立的需求呢？当然这不能通过搬走你的或者孩子的奢侈品的办法来实现。

成年人经常忘记哪些奢侈品是为孩子而买的。他们想得到的奢侈品都是些牡蛎、鱼子酱、跨国旅游、瑞士手表或者高档服装。但是这对于大多数孩子来讲什么也不是。他们的奢侈品是那些电子游戏、垃圾食品、电视以及自由。允许和自己的朋友们去看场电影往往比开什么车带他们去重要得多。

实际上，多数孩子的"奢侈品"其实根本不值什么钱，可能父母比较穷的孩子所拥有的东西却是富裕的孩子所梦寐以求的。在深夜三点之后还允许看电视对于许多孩子来讲是一件可望而不可即的奢侈品，而允许你的孩子晚点睡觉并不需要你多么富有。

拿走孩子们的这些"奢侈品"，会给他们带来努力学习的强大动力。一个缺乏这些"奢侈品"的孩子会努力学习

6 享受以及长期激励

以得到这些东西，这同时也就提高了他的生活质量。

然而，拿走孩子们的"奢侈品"在感性上是困难的。对于一些成功的父母来说这可能是尤其正确的，那就是这些父母本身实在没有这些"奢侈品"的环境中成长起来，他们会深刻地感受到没有这些东西的难过。因此，他们想让孩子享受到这些他们没有享受过的"奢侈品"。

因此，父母们必须有确定的手段阻止孩子们因为过量的奢饰品而变得漫无目的。虽然满足孩子们的要求比拒绝他们来得更容易处理，但是如果这个要求会毁掉他们的前程，你又怎么认为呢？

在很多情况下需要被拿走的奢侈品包括孩子们的电子游戏、电视、时尚产品、手机、私人电话以及计算机。这些东西对于某些人来说是极其重要的，应该靠拿走这些东西来促使孩子具有足够的能力让自己得到这些奢侈品。

几乎所有我和他们讨论过这件事情的成功人士都曾告诉我，他们小时候也缺乏这些"奢侈品"。有时，有些东西确实是他们的父母所负担不起的奢侈品。但是更多时候，是父母拒绝给他们买这些奢侈品或者不允许他们做某些事情。举例来说，他们曾经被禁止看电视，禁止打电子游戏，被拒绝买自己喜欢的鞋子。也正是这种强烈的想靠自己得

到这些东西的激励促使他们努力学习，最终发展了自己的能力。

我的父母使用起这一招来得心应手，他们曾经拒绝给我提供任何这样的"奢侈品"并谎称他们支付不起这些东西。举例来说，我曾经一直认为我们家装不起有线电视（我母亲是一名医生而我父亲是一名工程师）。当然这也算一种谎言，在伦理道德方面确实受到置疑，但是它的效果是不容置疑的，在22岁之前我都拥有着高度成功的教育。在我的成长过程中，我树立了想要的东西就要自己努力赢得的思想。没有任何一件玩具、特权或者奢侈品比这一人生价值观给我的动力大。

计算机

计算机是父母们要拿走的"奢侈品"之一。这看上去很奇怪，毕竟，计算机是工作和学习中的一个重要工具，不是吗？

还是先让我们看看计算机有何神秘之处吧，正是这个神秘之处使得孩子们天天围着它转，并学会了怎样使用它。现在任何工作都需要计算机，因此计算机应用应该是学生

6 享受以及长期激励

们必须要接受的教育。孩子们应该从小就接受计算机教育并持续下来，这对他们发展自己的认知能力很有帮助。使用计算机就像学习一种语言：应该尽早开始。

我几乎和拥有各种认知障碍的孩子们都一起工作过，有些认知障碍是如此特殊以至于连名字都没有。但是我至今没有看到过一个孩子不会使用计算机。几十年前，计算机的使用需要一些特殊的技术，但是现代的计算机变得如此简单以至于使用计算机不需要任何高级的认知技巧。

有时，一些小时候没有计算机的成年人惧怕使用计算机。他们认为使用计算机需要一些他们未掌握的技术，并且要确保他们的孩子发展这种能力。然而，实际上他们对计算机的这种惧怕来源于他们的无知，他们不知道使用现代的计算机其实不需要特别高级的认识能力。一个从来没碰过计算机的孩子也不会有任何认识能力上的缺陷，他们缺少的仅是对于计算机的熟悉感，而这种熟悉感一两天就能建立起来。

对于这一错误更加荒谬的理解是认为互联网（Internet）是现代教育所不可或缺的。孩子们掌握了互联网的相关技术才能够研究科学和历史。

说句实话，互联网无法使某种类型的研究做得更加快

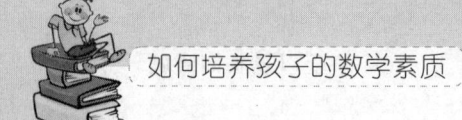

捷或者更加容易，然而，学生们每年仅仅使用一到两次互联网进行研究工作，其余时间都在用它进行娱乐。这些娱乐活动包括与朋友们聊天、玩在线游戏、看在线的卡通片以及访问一些成年人才能看的网站，等等。一台联网的计算机可以带给孩子们的就是电视加上电子游戏带给孩子们的娱乐的综合体。

另一方面，计算机程序的编制能够培养孩子的重要的系统思维能力。那些学习过一些基本计算机编程课的孩子们能够发展他们的认知能力，而这种认知能力可以被应用到很多情况中。（我们所指的计算机编程课包括C++编程、Java编程以及一些其他语言的编程。这些对于计算机应用课程来讲不是那么混乱，它们会完全涵盖微软Word程序的功能。）

计算机的神秘之处还在于各行各业都在使用它，它的文化深入到了大多数工作中，因此孩子们也就一直需要使用它。不过说句实话，几乎每种工作都需要计算机。无论你是在麦当劳里点餐还是在制定一个资本几十亿美元的公司的战略方向，你都需要使用计算机。

这就是本书的全部观点。无论你是一个快餐店的老板还是一家大型公司的总裁，你都需要使用计算机。很清楚的是，存在很多比计算机技能更加重要的东西在起作用。

6 享受以及长期激励

那就是解决问题的能力、专业知识以及创造力，这些能力才需要我们给予更多的关注。

我同意人们应该在十八岁之前掌握计算机技能。但是人们不应该过度依赖计算机。一个人应该在没有拼写检查（译者注：字处理软件的功能）的时候拼写正确，在没有计算器的时候计算正确。

但是迄今为止，我只遇到过一个人在十八岁的时候还没有过分依赖计算机。也就是这个人最后从布朗大学毕业并获得了计算机科学荣誉奖。这要归功于他在十八岁之前所培养起来的解决问题的能力，而他在上大学之前连鼠标都不曾碰过的事实对他并没有丝毫影响。

这并不是说你要拿走家中所有的计算机。然而，一个没有学习动力的孩子确实不应该拥有属于他自己的计算机，任何情况下都不应该。只有当他写论文或者做必要的研究等事情时才能允许他使用计算机。换句话说，他只能使用计算机来工作，而不能使用计算机来娱乐。

男生，电视和电子游戏

假设你将一个男生关在一座地牢里，而这个地牢里有

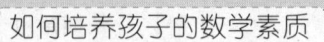

电视和电子游戏,那么他将非常高兴。并不需要是太好的电视或者电子游戏,大部分的电子游戏给一个男性的大脑所带来的愉悦实际上都是一样的。

因此,给一个男生电子游戏就相当于给了他数以千计的玩具。一个单独的电子游戏系统(包括一台可以打电子游戏的计算机)可以摧毁一个男生的学习动机。

有效地拿走一个男生的奢侈品必须包括拿走他的电子游戏。不要着急——他依然会找到电子游戏来玩(在学校、在朋友家中甚至在一个图形化计算器上)。你所做的就是要限制他玩电子游戏。

奢侈品应该被用来当做对孩子的激励吗?

一个流行的观点是家长应该把奢侈品拿走,然后把这些奢侈品当做对孩子的激励。举例来说,一个父亲应该把孩子的电子游戏拿走,并当他的成绩取得 A 之后再还给他。

这个办法很少成功,因为这并没有改变对孩子激励的本质。孩子仍然会将父母看作是他这些奢侈品的来源,而不是将他自己作为这些奢侈品的来源。一个深入了解他父

6 享受以及长期激励

母脾气秉性的孩子会说服他的父母把电子游戏还给他。孩子的目标变成了当前要实现父母所设定的目标。父母要求他得 A，他就努力去得 A；父母要求他得 B，他就努力去得 B。

我们可以将其与另一些孩子作比较，另一些孩子知道他们无法从父母手中得到任何奢侈品，而只能自己去赚。这对他们的激励与前者完全不同。这些孩子的目标不是走捷径，而是做最好的。上文中只想得到 B 的孩子不会有动力去得 A，只想得到 A 的孩子不会有动力去得 A+，他们只会满足父母的要求；而知道不会从父母手中得到任何东西的孩子不会在意父母的要求。取而代之的是，他们的目标是发展自己的能力，而这些能力能给他们带来一切。他们想去一所很好的大学的目的不是为达到父母的要求，而是为了自己一生的幸福。这样的话他们就会为了自身的幸福去努力，而不是为他们的父母。这点小小的差别会给他们带来很大的不同。

因此，奢侈品的激励方法应该是一个短期的方法；然而，奢侈品的缺乏应该是一个有力的、永久的并且已经存在的一个长期激励。没有奢侈品的孩子会有动力去发展自己的能力。

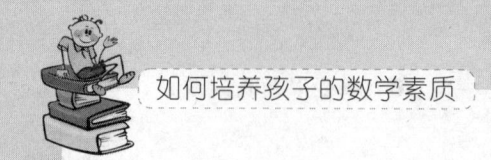

作为替代品的奢侈品

在没有电视的家庭长大的孩子最终会成为一个很厉害的阅读者。这没什么可奇怪的！人人都需要一种娱乐手段。没有电视可看的孩子只能将读书作为他的第一娱乐手段。

因此，已经存在的奢侈品给孩子们提供了娱乐手段，例如电视和电子游戏，具有双倍的负面影响力。第一，这些奢侈品会摧毁孩子们的上进心；第二，有了这些奢侈品，孩子们就不会再将读书作为娱乐，这将减弱孩子们的阅读能力。

其他人怎样呢？

本章我们将焦点集中在一个极端问题上：生活在上层社会中的缺乏学习动力的孩子们。那么其他孩子怎样呢？那些有学习动力的学生们怎样呢？其他阶层的家庭中的孩子们怎样呢？其他的孩子拥有奢侈品就是应该的吗？

不用奇怪，答案几乎都是否定的。对于一个孩子而言，要使他有动力去学习，就需要让他缺点什么他需要的东西。

6 享受以及长期激励

这些东西必须是他所需要的，还得是他急切需要的。他要从根本上相信，只要努力学习，提高能力，他就能得到这些东西，这就能在他的一生中最大化地激励他发展这些能力。

7 男生，女生

这一部分我们来讨论一些模板的问题，所有模板都会有很多例外。然而，理解这些天然的差异能够帮助你教男生和女生数学。你可能会发现，对待"女生"的教育方法可能会适合于你的儿子，而对待"男生"的教育方法对你的女儿起了作用。或者你会发现，这两种方法都不适用于你的孩子。然而，本章中的大部分针对性别的教育方法会起一定的作用。

让男生和女生在同一所学校，同一个年级，同一个能力层次，同一个理解水平上来学习。我们会毫不惊讶地发现，男生们认为他们在数学方面学得会很好，而女生们会觉得她们会在数学方面表现糟糕。

很多原因造成了这一差异。女生们往往将失败归结于

那些固有的内在的素质问题。举例来说,一个女生在考试中失利了,她会这样想:"我没有通过这次考试的原因是我本身就不适合学习数学。"

这是一个内向归因。女生因为数学考试失利责怪的是自己的内在原因,而不是责怪一些外部原因,例如老师教得太差或者课本太差等。女生会将问题归结于固有的一些原因。她相信自己不善于学习数学就像她相信她的血型是B(这是一个固有的和不可改变的特征)那样坚定。

如果男生在一次考试中失利了,他更可能会这样想:"我考试没通过是因为这次考试是不公平的、愚蠢的、荒谬的,下次我就能考好了。"

男生将考试失利归因于考试本身,而不是自己能力上的缺乏。这属于外向归因。而且他还将问题看作是暂时性的:"下次考试会考好。"因此,不好的成绩对他的自信心没有什么严重的打击。

如果成功了,相反的情况就会发生。女生会归因于考试简单,而男生会归因于自己的数学天赋。

有些观点认为男生比女生有更好的远见,但是我不这样认为。尽管对于数学学习来讲信息是很重要的,但是过度自信甚至比没有自信还要危险。过度自信的学生往往缺

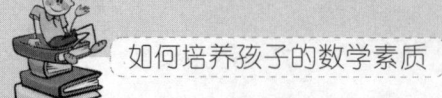

乏改进自身的动力,在他们眼中,他们已经得到了足够多的数学技巧,不需要学习和改进了。

最成功的学生(或者最成功的人)往往把失败归因于一时的以及内在的原因。当这个学生在下一次数学考试中失利时,他会想:"我这次数学没有考好是因为我没有准备好,或者是因为我的数学技巧还没学到家,为了下次考试考好,我要更加努力地学习,并且为下次考试做好充分的准备。"这样的学生会不断提升自己的能力。

挑战和鼓励

当我和一个男学生轻松地谈话时,我可能会提出这样一个问题:"这个问题可能是我很早之前做的一个问题,然而,你可能做不出来。为什么呢?因为对这个问题你没有足够的数学技巧。"我这样说的同时面带微笑,因此这个男学生会知道我在开玩笑。其实我提出了一个挑战。从某种程度上来讲,我强化了"内在归因",因为我强调了这个学生没有能力作出这道题来,错误在这个学生本身。

我经常会用这种方法提出一些特别难的题目。这个学生知道这道题目非常难,没有人期待他会在很短的时间内

7 男生，女生

作出来。但是通过我的那种"介绍"的方式，他会尽其所能把这道题目作出来。大多数男学生在得到我刚才提到的挑战时不会退缩。

如果我用这种方法给一个女学生出题的话，结果就是灾难性的了。很多女生会选择放弃，而不是接受这个挑战。我了解到这个问题也费了不少力气。在我从事教育的前几年中，我对男生和女生都是用这种方法。很快，我95％的学生都是男生，只有极少数女生来上我的课了。

现在，我在给一个女学生出一道难题时会这样说："这道数学题非常困难，但是依我看到的你近期能力的提升，我觉得你应该有足够的准备作出这道题了。"因为我告诉她题目很困难。因此，当她为这道题目冥思苦想而不得其解时，她不会认为自己数学能力有问题。靠表扬她能力方面的改进，我强化了她能够提升自己数学能力的自信心。因此，即使她没解出那道难题，她也会懂得如果不间断地提升自己的能力，最终会解出这道难题。换句话说，这个女学生将会这样想："我现在还不能解出这道题，但是我很快就能解出来了。"而不是这样想："我现在解不出这道题，而且永远也解不出这道题。"

请注意，我们没有必要降低对女学生的标准。女学生

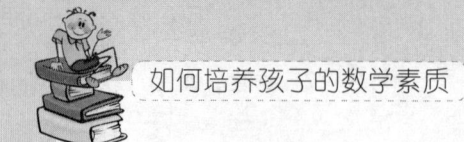

不需要我们给出比较简单的数学题或者更多的帮助，或者是类似的东西。所有我们需要改变的就是出题的方式。

与此类似，我观察到很多女教师或者家长都在教育男生上失败了，因为他们给予了太多鼓励。对一个男生说："你的数学能力非常出色"，通常等同于对他说："你不需要再在你的数学上花费功夫"。即使是一个数学方面极其成功的男生，在人们的鼓励中也不会达到他的极限能力。一点小小的鼓励，如果得当的话，对男学生是有好处的。但是过分的鼓励则适得其反，通常会削弱男生提升自己能力的动力，使他不能充分地发展自己的认知能力。

下面给出几个例子，这些例子是关于我如何给男学生或者女学生出题的方法的。你可能不想一字一句地模仿这些表达，但是这些例子可以帮助你形成自己的提问方式。

对男生："这道题你做不出来，因为你的数学能力就像一个四岁大的斑马一样。"

对女生："这道题你肯定能作出来，尽管这道题目非常复杂。"

对男生："只有小孩子以及长颈鹿作出这道题才需要用计算器吧。"

对女生："你的数学很好，你不用计算器也能把这道

7 男生，女生

作出来。"

对男生："这道题很简单，但是你就是做不出来。"

对女生："这道题是一道难题，不过你的数学能力已经提高很多了，你应该可以作出这道题来了。因为现在你已经是一个数学能力强的学生了。"

本方法的一些限制

这一部分可能会有一点简单。在实践中，你可能会用90%的时间来挑战一个男学生而仅仅用10%的时间去鼓励他们。对于女学生来讲，应该正好相反。

有时你要相信你的直觉，随机应变。因为有时男生需要鼓励，而有时女生需要一些言语上的挑战。

但是不要完全依赖于你的直觉，特别是对待不同性别的孩子时。先试试我们提到的标准方法，不行的话再用相反的。

何时需要转变方法

在本部分一开始我就提到一些针对"女生"的方法有时也适用于男生，反之亦然。那你怎么分辨什么时候用什

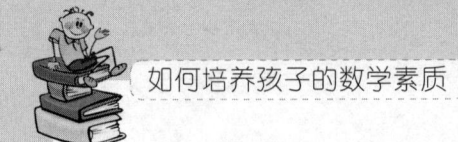

么方法呢？

基本上，如果一个男学生学习数学的方法接近传统的女学生的话，你应该试着对他使用女学生的方法。这里是这种情况的一个清单：

男学生：

1. 认为他的问题是内在的而且不可改变的。他自认为自己不适合学习数学，而且永远不适合。

2. 当受到挑战或者嘲弄时，多数情况下他会退缩而不是奋进。

3. 受到鼓励时会比受到挑战时学习更加努力。

与此类似，有时你可以对某些女学生使用男学生的方式。这里也有一个清单：

女学生：

1. 对挑战作出反应并且用更加努力的工作来回应别人的嘲弄。

2. 当受到鼓励时，变得自满起来并且不再努力学习。

3. 由于数学成绩不好经常责备考试题目、教师或者教科书。从不接受数学成绩不好是自身原因这一说法。

其实我们并不需要改变教学的方法你不需要改变方法。在几乎每个案例中，我主要使用对付男学生的方法来对付男学生，使用对付女学生的方法来对付女学生。

7 男生，女生

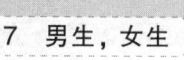

认为女生数学不会很优秀的文化偏见

假设你有一个班，都是十六岁的男生，想象一下如果用以下方法来介绍一次考试的话将会怎样。"这是一场关于考察推理技巧的考试。根据经验，女人和娘娘腔的男生会考得非常好；男人气概十足的男生们要答得差一些；大多数擅长于数学和体育的人们答得更差；在将来的人生中会非常成功的人士会答得非常差。"

结果就是很多学生故意不好好做他们的考卷。很多学生会故意把问题答错来证明自己具有男人气概，很少一部分学生会尽全力做出那些难题。

在很多文化环境中，妇女面临着类似的局面。女人们被反复地告知她们的数学比不上男人们。从某种程度上来讲，这种说法会被理解为具有女人味的女性往往数学差，而男人婆们数学好。因此，因为想当淑女，所以很多女性都开始故意隐瞒自己的能力。举例来说，一个女学生可能会放弃一道她想了十秒钟的数学题，其实这道数学题她思考一分钟就能够作出来。为什么？对于这个学生来讲，当淑女要比擅长数学重要得多。

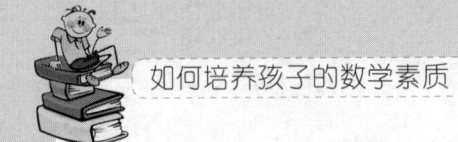

这是一个微妙并且普遍存在的问题，而且对于这个问题已经有了很多研究。那么当引导女生学习时，要记住两件事情。首先，要记住尽管十来岁的女生都想当淑女，毕竟大部分人都不想做另类，你也要告诉她们女生不适合于学习数学是一个无稽之谈。

但是对于想要成功的女生来讲，更加重要的是她们父母的信念。如果父母觉得他们女儿的数学就是要比男生好，他们的女儿就会拼命学习数学。有时，有的家长觉得女人数学好会把男人吓走。当然，从某种程度来讲这是对的。一个数学成绩好的女人会吓走男人——尤其是那些没有安全感的、差的以及傻的男人。这倒也不是件坏事。

还有一种学校中的说法是女生从生理角度来讲就是会比男生的数学要差。这倒是可能的，因为平均来讲，男性要更适合学习数学。当然也有同样的可能性就是女性更适合学习数学。当我在布朗大学读书时，数学系最好的学生就是一名女生。

我确定的是学生的性别与他们的数学能力完全无关。练习对于提升数学能力的作用要远远大于每个人的天赋。人们的天赋会有 1% 的差别，但是另外 99% 都是来自于家长、老师以及同学之间的帮助。

8 天赋

以下是你需要知道的关于数学天赋的一些东西：

1. 人们先天的数学能力是不一样的。有些人天生觉得数学好学，而另一些人天生觉得数学难学。

2. 那又怎么样呢？

如果你的新陈代谢比较慢，你是要接受这一事实呢还是要努力锻炼来使自己的新陈代谢加快以赶上别人呢？如果你的孩子在数学方面不在行，你可以原谅他，并让他进入一个较差的班级。也可以接受这一事实，并让你的孩子加倍努力，如果他真的这样做了，他将会成为班上成绩最好的学生。

我那些最成功的学生，他们在SAT以及SAT II的数学成绩出奇地高，并不是因为他们是先天条件最好的学生，

他们反而是那些先天条件不太好并因此努力学习的那些学生。他们把假期的时间都用来学习，整个暑假什么也不做，光学习。但是他们的数学成绩要比那些"天赋"较高的学生好得多。

更重要的是，这些学生学会了如何不落后于其他人。每个人在生活中都有障碍。成功的人想尽一切办法克服这些障碍。那些不愿放弃的学生最终培养了坚强的意志，而这种意志足以让他面对生活中的其他一切障碍。

最胜任自己工作的人是那些平时训练最刻苦的人。一个天赋很好的运动员如果整天只知道坐在椅子上吃垃圾食品，就可能连平时经常训练的一般人的体能都不如。类似地，数学水平较低的学生如果天天坚持练习的话，假以时日，一定能超过那些有数学天赋的学生。

9　小测验与考试的表现

我们经常会看到一个学生在平时小测验时考得非常好，但是到了较大的考试中，他的成绩就会很差。一个学生平时测验的成绩可能在班里最高，而在考试中只拿到了一个"差"。这显然不是缺乏学习的原因——这个学生为了准备考试天天都在学习，努力程度早就大大超过了他的同学们。实际上，他很多同学都不为考试做准备，但是成绩也比他要好。看起来好像无论他怎样努力学习，考试都会失败。

重新进行知识重要程度的划分

这个学生考试不好的原因在于他对知识的重要程度缺乏有效的划分。他每天都记住了一些琐碎的东西，但是没

有把最重要的概念记忆一段较长的时间。因此，他的平时小测验成绩很好。因为毕竟考的就是他所记住的给定章节中的非常细节的东西。

不幸的是，他虽然记住了每一章中成百上千个细节，而他的同学只记住了两到三个概念，但到考试时，他的同学用他们所懂的几十个概念去考试，而他却用上千个细节去考试。实际上，他并没有真正理解这些概念，而完全依靠的是死记硬背。有太多的信息需要他记住，所以无论他学习多长时间，他都不能依靠他的记忆通过考试。

问题的解决

改正这一问题需要学生以及家长双方面的努力。我们要重塑这个孩子学习数学的方法，并且不仅要改进他的考试表现，还要改进他的标准测试的表现。

我们首先必须给他创造一个有效的激励。因为你所教的是一个勤奋的学生，你不需要再给他什么动力让他努力学习。然而，你需要创造一个认知激励。你需要给他的大脑一个很强的原因使得他将所学的知识分类，而不是仅仅记住每一个细节。

9 小测验与考试的表现

首先，要让他在每天的数学课上记住关键性的概念。如果你的数学非常好，你可以每天只出两三个复习题。否则的话，就要把前边几章的复习题都看一遍。如果教科书上带有复习题或者测试练习题，那么你可以每天从中选择一两道数学题让你的孩子去做。

只有当他做完这些数学题目之后，才可以往下看下面的章节。他应该把这些题目当成测验去做，不能去看这些章节的知识。为什么呢？我们知道一个孩子能够短时期地记住某些知识，如果允许他回头去看以前的章节，那么很显然他能回忆起来怎么做这些题目。我们的目标是发展孩子对知识的长期记忆而不是短期记忆。这就意味着孩子可能会经常冥思苦想来回忆以前学习过的知识，这种冥思苦想从而坚实地发展了孩子的认知能力。当孩子对一个问题冥思苦想时，不要管他，你自己做自己的事情就好了。

其次，这种冥思苦想会让人的大脑创造一个强有力的能将知识按重要程度进行分类的东西。如果他记住了重要的关键性概念，那么这些题目对他来讲易如反掌，但是如果他没记住这些概念，那么他可能要思考上几个小时。

选复习题时，尽量选那些基础的，而不要选每章中最难的那部分题，因为让孩子复习的目的仅仅是让他记住某

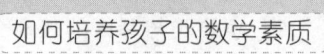

些特别的公式或者细节。你的目的是让孩子对基本题有一个永久性的记忆，而不是对一些高难度的题目有一些临时性的记忆。

最后，选择复习题的方式应该是不可预知的。请记住，你的孩子会对一些细节有短期的记忆，你必须要消除这种影响。如果星期一你从第三章中给他选了一些题，星期二从第四章中给他选了一些题，那么星期三他会知道你要从第五章中选题。当然，问题在于这样的话他可能会在星期四就忘了第五章的内容。他也不是故意这样做的——而是他的大脑习惯于这样做。

更有效的选题方法是，星期一从第三章中选出一道题目，从第八章中选出一道题目，再从第一章中选出一道题目给他。星期二从第四章中选出一道题目，从第三章中选出一道题目，再从第十七章中选出一道题目给他。（我们可以看到第三章的内容重复出现了。喜欢死记硬背的孩子可能会假设星期二不会再出现第三章的内容了，因此会把第三章的概念忘掉。）

这样这个孩子除了将知识进行分类之外就别无选择了。这就促使他对知识有了永久性记忆。用不了几个月，你的孩子就会高兴地发现他在数学能力上有所长进了，在数学

9 小测验与考试的表现

考试中的成绩也有所提高了。

综合的信息和知识

大部分数学的小测验都是针对某一个特殊的概念进行考察的；而比较大的考试经常需要学生综合几种知识和信息来解出一道题目。

经常地，那些在测验中很成功而在考试中失利的学生通常是因为他们割裂了知识和信息。他们将每个概念都看成是孤立的，而没有把概念联系起来。因此，当考试出现一道题目时，他们试图用一个单一的概念或者公式去解题。但是因为考试的试题综合了若干个知识，因此，他们的这种尝试是徒劳的。

因此，你需要给你的学生一些综合性的题目。如果你很擅长数学的话，可以自己编写一些题目；否则的话，我建议你使用SAT或者SAT Ⅱ的题目。让你的孩子每周做3~5个题目就可以了。

随着学生对信息和知识的组合与分类，他将作出一个重要的转变，那就是从一个勤奋的学生变成一个在数学上真正优秀的学生。

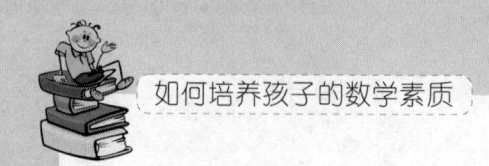

相反的问题

有些学生具有相反的问题：他们在平时测验时成绩很糟糕，但是在考试时成绩很好。幸运的是，这个问题通常很好解决。在大多数这种情况中，这些学生不是每天都完成他们的家庭作业。你只要确保这种孩子完成作业，并且要经常测试他们重要的公式就可以了，他的测验成绩就会有显著的提高。如果你能够更进一步就更好，那就是确保你的孩子在交作业日期的一周之前完成作业。

10　阶梯式教学法

孩子无法控制学校数学课的进度。如果学生不知道一种类型题目的做法，他就会落后。此后他就会不得不拼命地追赶其他人，否则他就会成为班上数学成绩很低的学生。学校的课程一般都是以一个比较固定的速度进行的，一个学生的表现很难加快或者减慢这一速度。

然而，如果是父母给孩子进行补习的话，这个速度就可以根据孩子的情况来定了。如果孩子做题的速度很慢，并且有的题目做不出来，那么他的父母可以将辅导的速度减慢一些，并且找一些相对简单的问题让他做，也可以减少孩子的做题总量。

另一方面，如果孩子做得快并且尽全力做的话，家长可以增加题量或者增加题目的难度。这样挑战孩子的极限

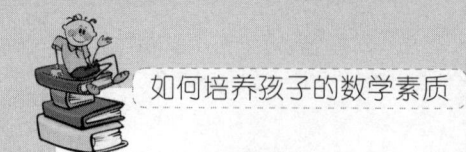

能力，实际上是增加了他的做题总量。

这样，孩子和父母学习时就不会全力以赴了。因为从某种程度来讲，他意识到他做得越差，所需要的工作就越少。因此，能用一分钟做完的题目他可能要用上十分钟，甚至放弃他本来会做的题目。结果是孩子在浪费时间，而不是发展自己的认知能力。

因此，为了确保孩子从父母的数学训练中能够获益，父母必须最大限度地激发孩子的主观能动性。以前，父母通过责骂和体罚孩子来达到目的，这实在是不明智的，因为其实有巧妙和有效的方法来解决问题。有没有一些类似于惩罚的东西确实有益于孩子呢？请看下文。

阶梯式教学法（针对8~18岁的孩子）

父母让孩子做数学题目，孩子把题做错了。父母应不应该重新给他一道简单一点的题目呢？举例来说，如果孩子不会将$\frac{11}{23}$和$\frac{17}{47}$相加，那么下一个题目是否应该是$\frac{1}{3}+\frac{1}{2}$？然而，如果孩子把题目做对了，是不是应该给他一道更难的题目呢？

这两种说法都不准确。上文的做法创造了一种错误的激励。如果孩子把题做对了，就给他更难的题；如果孩子

10 阶梯式教学法

把题做错了，就给他更简单的题。除非这个孩子喜欢做难题，否则他就会产生强烈的动机把题目做错（如果你的孩子喜欢做难题，那么你就幸运了，直接跳到下一节吧）。

阶梯式教学法是一种能简单地提出问题的方法。以下是这种方法的规则：

1. 如果孩子把题做错了，作为家长要解释如何把题做对，然后给他一道同一类型更难的问题。举例来说，如果孩子把乘法问题做错了，那么他将得到一道更难的乘法题。

2. 如果孩子把题目做对了，那么阶梯式教学法就结束了。要么开始一个新的论题，要么结束今天的数学练习。

你可以在任何难度的题目上使用阶梯式教学法，而不需要从一个较简单的问题开始。

如果你愿意的话，这个"梯子"可以很陡，也可以很缓。这就意味着，如果你的孩子把题做错了，那么他将面临的下一道题会比这道题难十倍，或者稍微难一点。你可以都试试，看看哪种方法对你的孩子奏效。

二倍法则（针对 3~90 岁的人）

有时学生对某个公式怎么也记不住。举例来说，他可

能总也记不住三角形面积的公式是$\frac{1}{2}$乘以底再乘以高。甚至有时一个学生真的想记住一个公式但就是记不住。尤其是勤奋的学生甚至可能为此做了一个动画画卡片或若干次地写一个公式,但仍然发现自己记不住这个公式。

作为父母来讲,这实在令人心烦。在孩子忘记三角形面积公式若干次后,父母也会没了耐心。

和阶梯式教学法一样,二倍法则也使得孩子们自觉或者不自觉地去记公式。二倍法则很简单。当孩子忘记了一个重要的公式时,让他将这个公式写上两遍。如果再忘记,就要写上四遍。如果再忘记,就要写上八遍。他每次忘记,就要写上原来的二倍这么多次。这种方法对于孩子来讲意味着创造了一个简单但是强有力的动机去记住公式。

你应该仅仅对于重要的知识点或者公式使用二倍法则。这些知识点或者公式包括:

- 二次方程求根公式。

乘法运算的公式多达 $12 \times 12 = 144$ 个

- 乘法中要记住的式子很多。例如,$6 \times 7 = 42$。如果孩子忘记了,那么可以让他把 $6 \times 7 = 42$ 写上两遍,而不需要将整个九九乘法表写上两遍。

- 圆的面积公式,长方形的面积公式,三角形的面积

公式，平行四边形的面积公式以及梯形的面积公式。

- 乘法公式，诸如完全平方公式 $(a+b)^2=a^2+2ab+b^2$。

- 毕达哥拉斯定理。（译者注：在中国称为勾股定理）

- 其他一些同等重要的公式。

正如本书前几章中所讨论的，成功的学生往往会将学到的信息和知识进行有效的分类。也就是说他们记那些重要的公式要比记那些不太重要的公式要用心得多。使用二倍法则仅仅是让他们在那些重要的公式方面帮助自己进行分类；如果在那些不重要的公式上使用二倍法则反而会削弱这种分类。

当使用二倍法则时，你要有一个记录。换句话说，你要把孩子到底忘记几次记录下来。如果他今天忘记了这个公式，你罚他写了两次，那么如果他两个月后再次忘记了这个公式，你就要罚他写四遍。如果他一年后再次忘记了这个公式，你就要罚他写八遍。准备一个笔记本可以帮你大忙。

计时阶梯式教学法（针对8~18岁的孩子）

阶梯式教学法有个弱点，特别聪明的孩子和特别懒的

孩子都会发现这个弱点。那就是阶梯式教学法只能给一个孩做对一道数学题的动力，而不能给他们提高做题速度的动力。做题慢的学生反而比做题快的学生做题总量要少。

为了鼓励学生做题速度快一些，你可以使用计时阶梯式教学法。对此有两种方法：

以下是针对第一种方法的一些规则：

1. 如果学生没有在规定的时间内做完题目，家长就要对题目作出讲解并且拿出另外一套同等难度的题目让孩子做，而且他被要求的时间更少了。举例来说，一道除法题本来要求孩子在一分钟之内做完，但是他没做完，那么下一次会要求他在五十秒之内完成。

2. 一旦他解出题来了，计时阶梯式教学法就可以结束了。

以下是针对第二种方法的一些规则：

1. 如果学生没有在规定的时间内做完题目，家长就要对题目作出讲解并且拿出另外一套更难的题目让孩子去做，但是要求他们完成的时间没有改变。举例来说，一道除法题本来要求孩子在一分钟之内做完，但是他没做完，那么下一次会要求他在一分钟之内完成一道更难的除法题。

2. 一旦他解出题来了，计时阶梯式教学法就可以结束了。

10 阶梯式教学法

Hydra 方法（针对 8~80 岁的人）

Hydra 方法是我的学生最怕的方法。在希腊神话中，Hydra 是一个有着多个头的怪物，并且她有一种令人讨厌的能力，那就是：一旦你砍掉她一个头，就会在同一个地方长出两个头来。

Hydra 方法就源于这一神话故事。如果一个学生做错了一道题，马上就有两道同等难度的题目等着他。举例来说，如果他做除法题的时候做错了，那么会有两道同等难度的除法题等着他。做错一道，就又得到两道。以此类推，这个学生就会形成一种要既正确又好地解出题目来的动机。一直到这个学生将所有题目都做完了，Hydra 方法才会结束。

当你想要计算多种类型的问题时，Hydra 方法就是最好的。例如，你在进行一次标准化测试的复习或者准备时就可以使用 Hydra 方法。我经常使用 Hydra 方法来辅导准备参加 SSAT 和 ISEE 考试（译者注：这两种考试都是私立学校的标准化入学测试）的学生们。举例来说，你可以使用一些数学习题集，这些习题集你在书店都可以买到。Hydra

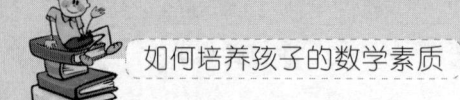

方法的一套题通常准备20～25道题就可以了。如果学生做对了一道题，就可以做下一道题；如果他做错了，那么在做下一道题目之前，要加上两道相类似的题目。直到他做完最后一道题，整个过程才会结束。因此，做得好的学生花的时间会较少，而做得不好的学生可能会花费几个小时的时间。这种做法会给予学生们强大的动力去把题目做得最好。

类似地，Hydra方法可以用于复习学校的考试。你可以使用课本上每一章的复习题（通常一章的总复习题会在一章的末尾）。学生每次做对一道题，就转向下一道题；每做错一道题，就再给他两道类似的题目。直到他做完最后一道题，整个过程才会结束。

一个特别有效的方法是计时Hydra方法。这种方法规定，学生做每道题目都有一个时间的上限，通常是一分钟。如果在规定时间内没有完成，就再加上两道类似的题目，时间上限不变。直到他在规定的时间内做对了所有题目，才能做下面的题目。

实际上，Hydra方法能用于任何方式的训练中。假设学生忘记了分数加减法，就给他两道分数加减法的题目，并告诉他Hydra方法已经开始了。当我教授学生时只要他

10　阶梯式教学法

任何问题的任何部分错了，都能够立即通过 Hydra 方法，以关注相关问题。尽管开始时只有两道题，但是 Hydra 方法会迅速变成几十道题。

当学生将自己的能力发挥到极限时，他们的心智会得到最有效的发展。阶梯式教学法和 Hydra 方法会让学生在每道数学题上都发挥到极致。

11 微挑战方法

亚洲教育体系可以被所有家长和教师应用，而不论他们自身的数学能力如何。阶梯式教学法、二倍法则以及Hydra方法可以被大部分家长所应用。在本部分中，我们将向读者介绍一种名为"微挑战方法"的教育方式，数学很好的家长或者教育者可以使用这种方法。自从我应用了微挑战方法，几乎每天都有好结果，即使是对那些数学有较大问题的孩子也是如此。尽管微挑战方法对于人们而言可能会有困难，但是一旦精通了，就会发现微挑战方法非常有效，特别是和Hydra方法结合起来使用时。它建立起了一整套理解数学概念的方法，同时也培养了学生必要的认知能力。微挑战方法和Hydra方法的结合，可以让我们将几乎没什么数学能力的学生转化为数学能力强的学生，

11 微挑战方法

并且使数学能力强的学生的能力更上一层楼。

微挑战方法需要教育者的耐心和对这种方法的深刻理解。你应该仅仅针对那些你所精通的部分来使用微挑战方法。举例来说,如果不精通三角学,就不要使用微挑战方法来教授三角学;而是要使用亚洲教育方式来教授三角学。不过,你仍然可以用微挑战方法来教授其他部分的数学知识。

微挑战方法使用一系列"微挑战"伴随着问题所需的认知步骤来引导学生理解怎样解决一道难题。这样做会确保学生开发出解题所需的基本的理解能力和认知能力,而不是仅仅让学生记住解题的步骤。

以下的对话内容说明了如何使用微挑战方法教给学生解决一道特殊的数学题,同时也展现了教师所需的理解能力和耐心。在这个例子中,"学生"这一对话者代表我所教过的很多对数学头痛的学生。

在此对话中,我们实际上是让学生做出以下的数学题目:

问题:求 $\dfrac{1}{x} + \dfrac{1}{x+7}$。

在整段对话中,学生都会写下问题和答案。举例来说,如果我让学生去算 $\dfrac{2}{7} + \dfrac{3}{7}$,那么学生就会将 $\dfrac{2}{7} + \dfrac{3}{7}$ 写下来。

学生：我不会做这道题。

笔者：不，你会做。（通常我第一步先试试学生是不是真的做不出这道题目来。）

学生：说实话，我真的不会做。

笔者：试着做做看——你应该能行的。

学生：怎么把这两个东西$\left(\dfrac{1}{x}和\dfrac{1}{x+7}\right)$相加呢？我从没见过这样的问题。

笔者：你是怎样把$\dfrac{1}{2}$和$\dfrac{1}{3}$相加的？（一旦我发现学生真的做不出来，我就会给他们换一道同种模式但是相对简单的题目。）

学生：嗯……是$\dfrac{1}{5}$吗？（现在我发现这个学生是真的不会分母不同的分数加减法。）

笔者：不是。

学生：是$\dfrac{1}{6}$吗？

笔者：你做分数加减法之前要做什么？（这个问题的答案应该是"相同的分母"或者"最小公分母"。我问学生这个问题基于两个原因。首先，这个问题可以启发学生的记忆；其次，即使他答不出这个问题，也会使他意识到自己

11 微挑战方法

忘记了一些重要的知识点。当他一会儿解出这道题目后，这个知识点就会在他的脑海中留下深刻的印象。）

学生：等等，嗯……我确实想不起来了。

笔者：不，你能想起来。

学生：是不是……，嗯……我不太确定。

笔者：那你能不能将 $\frac{1}{7}$ 和 $\frac{1}{7}$ 相加？

学生：不能。

笔者：试试看。

学生：是不是 $\frac{4}{14}$？

笔者：不是。

学生：是不是 $\frac{3}{14}$？（我现在知道这个学生确实对分数加减法一无所知，也就是说他无法对分数有一种感性的认识。举例来说，他无法把 $\frac{1}{7}$ 看成是把一个圆平均分成 7 份，取其中 1 份。如果不是这种情况，就是他无法构建出这个分数相加问题的图形。我现在要看看他是否懂得分数是什么。换句话说，他是否知道 $\frac{3}{7}$ 是什么含义？）

笔者：请画出一个圆。（学生照着做了。）现在请你把圆平均分成七份，就像你切一个派或者生日蛋糕那样。（学

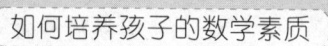

生照着做了。）很好。将其中 $\frac{3}{7}$ 的部分涂上阴影。（学生照着做了。）非常好。现在将其中 $\frac{1}{7}$ 的部分涂上阴影。（学生照着做了。）好的。那么这个圆的几分之几被涂上阴影了呢？

学生：哦……是 $\frac{4}{7}$。这是不是说明 $\frac{1}{7}$ 加上 $\frac{3}{7}$ 等于 $\frac{4}{7}$？（学生现在形成了对分数加法的一种具体的印象。请注意，给学生具体的印象（使用图形）的重要性往往强于某些类似于"请在分数的分母保持不变的情况下，将分子相加"之类的语言。如果你这样说了，学生会将你所说的话死记硬背下来，这就使他们和知识更加疏远了，没得到对概念的真正理解。）

笔者：是的。那么 $\frac{1}{3}$ 加上 $\frac{1}{3}$ 呢？

学生：是不是 $\frac{2}{3}$？

笔者：是的。试着画出一张图来。（我要加强学生对于分数这一概念的形象化理解，我不能简单地认为学生只学了一次就能很好地掌握这一概念。）

学生：怎么画？

笔者：就像你刚才画的那样。

11 微挑战方法

学生：哦，让我画一个圆是吧？（学生画出来了。）

笔者：很好。然后呢？

学生：将这个圆平均分成三份？

笔者：请你演示给我看。（学生照着做了。）

笔者：很好。

学生：然后涂上其中一份，再涂上其中一份，是不是？

笔者：是的。

学生：所以这道题等于$\frac{2}{3}$？

笔者：很好。那么$\frac{1}{9}$加上$\frac{4}{9}$呢？

学生：等于$\frac{5}{9}$。

笔者：请画出一张图来解释为什么等于$\frac{5}{9}$。（学生很有信心，并且很快将图作出来了。这说明他已经可以往下继续进行了。）很好。那么$\frac{2}{11}$加上$\frac{3}{11}$呢？

学生：等于$\frac{5}{11}$。

笔者：那么，嗯……$\frac{2}{347}$加上$\frac{11}{347}$呢？

学生：是不是$\frac{13}{347}$？

笔者：那么 $\frac{7}{5\,001}$ 加上 $\frac{43}{5\,001}$ 呢？

学生：等于 $\frac{50}{5\,001}$。（到目前为止，学生已经掌握了同分母分数的加法，这说明他已经可以往下进行了。）

笔者：很好。那么 $\frac{3}{4}$ 加上 $\frac{1}{8}$ 呢？

学生：我不会做。

笔者：难住你的地方是什么？

学生：分数线下面的数字不相等。

笔者：你说对了。分数线下面的数字称为分数的分母。

学生：分数的分母？

笔者：正确。

学生：哦，我想起来了，我们的老师讲过分数的分母。

笔者：这就好了。当分数的分母不相同的时候，问题就变难了。你更愿意做哪种题呢？

学生：分数的分母相同的那种题目。

笔者：那就让它们的分母相同。

学生：怎么使它们的分母相同？

笔者：请问，$\frac{3}{4}$ 是多少个 $\frac{1}{8}$ 呢？

学生：不知道。不是 $\frac{3}{8}$ 吧，是不是呀？

11 微挑战方法

笔者：我也不知道。请你画出两个相同的圆吧。（学生照着做了。）请将第一个圆的 $\frac{3}{4}$ 涂上阴影。

学生：我是不是应该先把这个圆平均分成四份？

笔者：是的。（学生把圆平均分成了四份，并将其中的三份涂上了阴影。）好。现在将第二个圆的 $\frac{3}{8}$ 涂上阴影。（学生照着做了。）那么现在看看，$\frac{3}{4}$ 等于 $\frac{3}{8}$ 吗？

学生：哦，不相等。

笔者：哪一个大一些？

学生：显然 $\frac{3}{4}$ 大一些。

笔者：好，请看着涂上 $\frac{3}{4}$ 阴影的圆。

学生：好的。

笔者：将这四份中的每一份都再平均分成两份。（学生照着做了。）那么你现在一共有多少份了？

学生：八份。

笔者：那么多少份是涂有阴影的？

学生：六份。

笔者：好的，那么 $\frac{3}{4}$ 应该等同于多少？

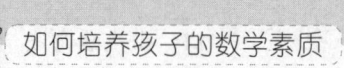

学生：哦……$\frac{3}{4}$等同于$\frac{6}{8}$！

笔者：很好。那么$\frac{3}{4}$加上$\frac{1}{8}$就是……

学生：就等于$\frac{6}{8}$加上$\frac{1}{8}$，是不是$\frac{7}{8}$呀？

笔者：正确。那你现在说说怎样才能进行分数相加？

学生：应该先使几个分数的分母相同，是不是？

笔者：正确。那你知不知道当分数的分母相同时称为什么？

学生：不知道，称为什么？

笔者：称为公分母。在进行分数相加时，必须有公分母。

学生：哦，我想起来了！我的老师好像也教过我这些东西，不过我想不起来他是怎么讲的了。

笔者：现在你开窍了。所以我们说$\frac{3}{4}$等同于……

学生：等同于$\frac{6}{8}$。

笔者：想想你是不是能总结出一个公式来。你是怎么从$\frac{3}{4}$得到$\frac{6}{8}$的？

学生：是不是将$\frac{3}{4}$的分子和分母都乘以2？

11 微挑战方法

笔者：是的。那么如果你将 $\frac{3}{4}$ 的分子和分母都乘以3呢？

学生：得到的是 $\frac{9}{12}$。

笔者：$\frac{9}{12}$ 和 $\frac{3}{4}$ 相等吗？

学生：相等吧？等等。我不太确定。

笔者：画个图看看。

学生：将一个圆平均分成十二份？

笔者：首先把一个圆平均分成四份，再把每一份平均分成三份。（学生照着做了。）现在，涂上，嗯……应该涂上几个部分呢？

学生：九个部分？

笔者：正确。（学生涂上了九个部分。）这和 $\frac{3}{4}$ 一样吗？

学生：一样。哦，是不是可以将一个分数上边和下边的数字随便乘以任何数？

笔者：完全正确。（译者注：当然不能乘以零。）

学生：这样得到的分数都是相等的，对吧？

笔者：正确。好，那现在你给我五个数，让它们都等于 $\frac{1}{2}$，你看应该怎么办？

学生：你的意思是同样大小的数？

笔者：是的。

学生：比如$\frac{2}{4}$？

笔者：是的。

学生：$\frac{3}{6}$对不对？

笔者：正确。

学生：还有$\frac{4}{8}$、$\frac{5}{10}$、$\frac{6}{12}$和$\frac{7}{14}$，对不对？

笔者：很好，都对了。那请问$\frac{1}{3}$加上$\frac{1}{6}$是多少？

学生：我是不是应该将$\frac{1}{3}$或者$\frac{1}{6}$变化一下？

笔者：随你。（学生先是试了试，然后又想了大约一两分钟。）

学生：$\frac{1}{3}$等于$\frac{2}{6}$。所以$\frac{1}{3}+\frac{1}{6}$就成了$\frac{2}{6}+\frac{1}{6}$，等于$\frac{3}{6}$。

笔者：很好。你知不知道如何化简一个分数？

学生：以前好像听说过。

笔者：回忆一下，你可以将一个分数的分子和分母怎么样来着？

学生：乘以同一个数。（译者注：不为零。）

11 微挑战方法

笔者：还有呢？

学生：加上同一个数？

笔者：你可以试试看。用 $\frac{1}{2}$ 来做例子吧！把它分子和分母都加上同一个数试试看。

学生：加上 2 试试看怎么样？把 2 加到分子和分母，嗯，得到的是 $\frac{3}{4}$。

笔者：$\frac{1}{2}$ 和 $\frac{3}{4}$ 相等吗？

学生：不相等。

笔者：请你展示给我看。依照刚才的方法画出一个表示 $\frac{1}{2}$ 的图和一个表示 $\frac{3}{4}$ 的图。

学生：还是先画圆，然后分割？

笔者：是的。（学生画出了图。）很好。

学生：哦，也就是说不能将一个分数的分子和分母加上同一个数字。那能不能将一个分数的分子和分母同时除以一个数字呢？

笔者：可能能行吧。你拿 $\frac{3}{6}$ 试试。你想同时除以哪个数字？

学生：除以 3 行吗？

笔者：好的，你试试看。把$\frac{3}{6}$分子和分母同时除以3。你能得到多少？

学生：是$\frac{1}{2}$。

笔者：那么$\frac{1}{2}$和$\frac{3}{6}$相等吗？

学生：相等。

笔者：画个图展示给我看。（学生画出了两个圆。第一个圆平均分成六份，将其中的三份涂上阴影。第二个圆平均分成两份，将其中的一份涂上阴影。）

笔者：画得很好，是正确的。那么现在再来看看刚才那个问题，应该是多少？

学生：好的，$\frac{1}{3}+\frac{1}{6}$先变成$\frac{2}{6}+\frac{1}{6}$，等于$\frac{3}{6}$。$\frac{3}{6}$又等于$\frac{1}{2}$，所以这道题目的答案是$\frac{1}{2}$。

笔者：很好。现在再来做一下$\frac{1}{2}+\frac{1}{6}$。

学生：（学生先想了一会儿。）$\frac{1}{2}$等于$\frac{3}{6}$。

笔者：为什么？

学生：因为你可以将$\frac{1}{2}$上下同时乘以3。

笔者：很好。

学生：我们就得到 $\frac{3}{6} + \frac{1}{6}$，等于 $\frac{4}{6}$。

笔者：很好。

学生：我们能不能对 $\frac{4}{6}$ 做一下处理？

笔者：好问题。

学生：哦，可以将 $\frac{4}{6}$ 上下同时除以2。

笔者：很好。

学生：我们就得到了 $\frac{2}{3}$。

笔者：好的。现在算一算 $\frac{4}{7} + \frac{3}{14}$。

学生：$\frac{4}{7}$ 等于 $\frac{8}{14}$，$\frac{8}{14} + \frac{3}{14}$ 等于 $\frac{11}{14}$。

笔者：很好。那 $\frac{1}{2} + \frac{1}{3}$ 呢？

学生：这个……（学生停下来想了一两分钟。）等等，这个是不是需要把两个分数的分母都改变一下啊？

笔者：可能吧。

学生：稍等。好了，$\frac{1}{2}$ 等于 $\frac{3}{6}$，$\frac{1}{3}$ 等于 $\frac{2}{6}$，所以 $\frac{1}{2} + \frac{1}{3}$ 应该等于 $\frac{5}{6}$。

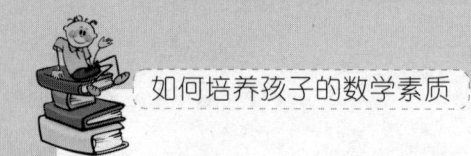

笔者：很好。在这个例子里，谁是公分母？

学生：是6。

笔者：很好。现在做一下$\frac{2}{7}+\frac{1}{5}$。

学生：（想了一两分钟。）稍等，这两个数的公分母是35。

笔者：显而易见，就是35。

学生：$\frac{2}{7}$就等于$\frac{10}{35}$，$\frac{1}{5}$就等于$\frac{7}{35}$，所以$\frac{2}{7}+\frac{1}{5}$应该等于$\frac{17}{35}$。

笔者：很好。看看能不能化简呢？

学生：（学生试了一会儿。）不能化简了。

笔者：很好。现在做一下$\frac{1}{4}+\frac{1}{6}$。

学生：嗯……等等。这两个数的公分母是12还是24？

笔者：都行，你看看哪一个更简单一些？

学生：我觉得12是不是简单一些？

笔者：很好。是不是因为12小一些？我们称它为最小公分母，就是因为它是所有公分母中最小的一个。

学生：哦，想起来了。我们老师好像也讲过最小公分母。

11 微挑战方法

笔者：很好。关键在于，你可以使用任何一种公分母。例如这道题，你可以使用12，也可以使用24。但是，使用12要简单一些。

学生：好的。那就用12。这样的话，$\frac{1}{4}$就等于，嗯……等于$\frac{3}{12}$，$\frac{1}{6}$就等于$\frac{2}{12}$，所以$\frac{1}{4}+\frac{1}{6}$就应该等于$\frac{5}{12}$。

笔者：很好。现在做一下$\frac{1}{a}+\frac{1}{b}$。

学生：什么？

笔者：还是从找到它们的公分母开始啊。

学生：怎么找？

笔者：当你算$\frac{1}{2}+\frac{1}{3}$时是怎么找公分母的？

学生：是6。哦，这样的话……$\frac{1}{a}+\frac{1}{b}$的最小公分母是$a \times b$，也就是ab。

笔者：很好。你可以用ab作为它们的公分母开始计算。

学生：怎么使用这个公分母呢？

笔者：好问题。你自己想一想。

学生：对$\frac{1}{a}$来说吗？嗯……上下同时乘以b，对吗？

笔者：试试看，看看行不行。

学生：好的。上边是 b 吗？

笔者：你算啊，$1\times b$ 得多少？

学生：是 b，对的。

笔者：可能吧。1×5 得多少？

学生：是5。嗯，没问题，就是 b。

笔者：很好。

学生：那就是说 $\frac{1}{a}$ 等于 $\frac{b}{ab}$，对吗？

笔者：对的，很好，还有呢？

学生：$\frac{1}{b}$ 等于 $\frac{a}{ab}$。

笔者：很好。

学生：也就是说，$\frac{1}{a}+\frac{1}{b}$ 等于 $\frac{b}{ab}+\frac{a}{ab}$，嗯……答案是，等等，答案是 $\frac{ab}{ab}$，对吧？

笔者：为什么呢？

学生：因为 $a+b=ab$。

笔者：是这样吗？你知道 ab 表示什么吗？

学生：哦，ab 是 $a\times b$，不是 $a+b$。那分数上边的数应该是什么呢？

笔者：好问题，你说呢？

学生：嗯……是不是就是 $a+b$ 呀？

笔者：正确，很好。

学生：哦，那答案是不是就是 $\dfrac{a+b}{ab}$？

笔者：正确。现在我们来计算 $\dfrac{1}{x}+\dfrac{1}{m}$。

学生：它们的公分母是不是 xm？

笔者：你说呢？

学生：是的！

笔者：那就继续。

学生：$\dfrac{1}{x}$ 等于 $\dfrac{m}{xm}$，$\dfrac{1}{m}$ 等于 $\dfrac{x}{xm}$，所以 $\dfrac{1}{x}+\dfrac{1}{m}$ 就应该等于 $\dfrac{m+x}{xm}$。

笔者：正确。现在我们来计算 $\dfrac{1}{x}+\dfrac{1}{2x}$。

学生：它们的公分母……是否就是 $2x$？

笔者：好问题。你说是不是呢？

学生：$\dfrac{1}{x}$ 是不是就等于 $\dfrac{2}{2x}$？

笔者：为什么呢？

学生：因为这相当于把 $\dfrac{1}{x}$ 上下同时乘以 2。

笔者：能不能这样做呢？

学生：能！

笔者：很好。

学生：好的，那么$\frac{1}{x}$等于$\frac{2}{2x}$，所以$\frac{1}{x}+\frac{1}{2x}$就应该等于$\frac{2}{2x}+\frac{1}{2x}$，这等于$\frac{3}{2x}$。

笔者：很好。现在来做做$\frac{1}{x}+\frac{1}{2m}$。

学生：这道题的公分母是……$2mx$对吗？

笔者：可能吧，你说呢？

学生：那么$\frac{1}{x}$等于$\frac{2m}{2mx}$，$\frac{1}{2m}$等于$\frac{x}{2mx}$，所以$\frac{1}{x}+\frac{1}{2mx}$就应该等于$\frac{2m}{2mx}+\frac{x}{2mx}$，这等于$\frac{2m+x}{2mx}$。

笔者：正确。现在来做做$\frac{1}{x}+\frac{1}{x+2}$。

学生：这道题的公分母是……$x+2$对吗？

笔者：解释一下为什么。

学生：因为，可以……等等，不是$x+2$。我们不能在分数的分子和分母加上同一个数。

笔者：那我们能干什么？

学生：乘以同一个数。

11 微挑战方法

笔者：还有呢?

学生：除以同一个数。等等，这道题的公分母是不是 $x\times(x+2)$?

笔者：看上去是这样。

学生：这样的话，就可以把 $\frac{1}{x}$ 分子和分母分别乘以 $x+2$，得到 $\frac{(x+2)}{x\times(x+2)}$，而 $\frac{1}{x+2}$ 分子和分母分别乘以 x，得到 $\frac{x}{x\times(x+2)}$，这样得到 $\frac{x+2+x}{x\times(x+2)}$。

笔者：很好，把上边整理一下吧。

学生：上边是不是 x^2+2?

笔者：$x+x$ 等于 x^2 吗?

学生：等于。

笔者：那么 $4+4$ 应该等于 4^2 喽?

学生：哦，不是。等等，4×4 才是 4^2，$4+4$ 不是。

笔者：很好。那么 $x+x$ 呢?

学生：是不是 $2x$ 呀?

笔者：$4+4$ 等不等于 2×4 呀?

学生：（学生想了一会儿。）等于。

笔者：很好，继续吧。

学生：这道题的结果应该是 $\frac{2x+2}{x\times(x+2)}$。

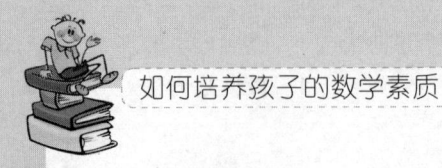

笔者：很好。还有，你可以将 $x \times (x+2)$ 写成 $x(x+2)$，中间的乘号不需要写出来。

学生：好的。对了，我以前知道这件事。

笔者：好的。现在来做做 $\dfrac{2}{x+2} + \dfrac{3}{x+1}$。

学生：它们的公分母是 $(x+2)(x+1)$。因此，$\dfrac{2}{x+2}$ 就等于 $\dfrac{2(x+1)}{(x+2)(x+1)}$，而 $\dfrac{3}{x+1}$ 就等于 $\dfrac{3(x+2)}{(x+1)(x+2)}$，这道题的答案是 $\dfrac{2(x+1)+3(x+2)}{(x+1)(x+2)}$。

笔者：很好。我们一起来看看怎么化简这个分数的分子。首先我们来做一个实际问题，$\dfrac{1}{x} + \dfrac{1}{x+7}$。

学生：这道题的公分母是 $x(x+7)$，那么这道题就等于 $\dfrac{x+7}{x(x+7)} + \dfrac{x}{x(x+7)}$。因此答案是 $\dfrac{x+7+x}{x(x+7)}$，等于 $\dfrac{2x+7}{x(x+7)}$。

以上针对于教授一个问题的对话看上去确实是一个冗长的过程，特别是给你一分钟去解释以下内容的时候：

1. 将每一个分数的分子和分母都乘以对方的分母，然后加上每个分数分子上的数，最后将这个总和写在公分母的上边。

大多数学生在测试或者考试中能够想起这些步骤，可

11 微挑战方法

是问题在于这些最基础的东西并没有提到过。学生对于分数仍然没有认识,他也不会培养相关的形象化的解题技巧或者看到简单的分数与复杂的分式之间的联系。他可能能回忆起公式,但是并不知道自己在做什么。实际上,他可能靠的是死记硬背,你可能还会想起我们在前文中所提到过的"当你看到一个 faquat 时,用 potwu 打它。"

当使用这样一个公式时,他甚至可能会在一些小测验中得到 A。但是他的考试成绩就会糟得多,他的 SAT 考试的数学成绩也会差得多。像 SAT 那样的标准化考试就是专门用来测试学生对于知识的理解程度的,那些缺乏对基础数学概念的理解的学生很难在考试中取得好成绩。

当你使用微挑战方法的时候,也就培养了学生真正的数学能力。但是确定的是,慢慢地学生们会变得越来越聪明。通过上面还不到一分钟的解释,他们没有开发出任何真正的能力和技巧,仅仅是知道了一系列毫无意义的步骤。

在最糟糕的情况下,教师可能会告诉学生一些不需要思考或者真正懂得这些数学概念就能作出题目的方法,举例来说,对于计算 $\frac{1}{x}+\frac{1}{x+7}$ 这种问题,他们可能会作出如下的解释:

"当进行分数加法时,如果两个分数的分子都是 1,答

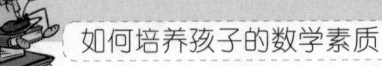

案就是：将两个分数分母之和写在分数线上方，将两个分数分母之积写在分数线下方。"

这个公式在某种程度上说是"聪明"的，因为用这种方法确实把题目算出来了。但是这种方法不可能让学生真正理解数学概念，也不会使他的认知水平得到任何提高。不仅如此，这还会导致学生总是进行临时性的死记硬背以及产生对概念的距离感。学生又会按照"当你看到一个faquat时，用potwu打它"的方法来记忆公式，公式对他来讲什么都不是，只能记住一时而已，很快就会忘掉。

学生们用这种投机取巧的方法学到的不是真正的数学，他们会在数学考试和很多标准化测试中一团糟。此外，这对他们的认知能力的发展毫无帮助，对他们的空间想象能力以及逻辑推理能力的培养也毫无帮助，而这些能力恰恰是一个好的数学教育应该为学生建构的。

当我们使用微挑战方法的时候，从来不告诉学生怎样具体地做一道题目。如果学生确实不知道该做些什么，就给他一道同等类型稍微简单的题目做。举例来说，如果他不会做$\frac{1}{a}+\frac{1}{b}$，就先让他做$\frac{1}{2}+\frac{1}{3}$，但是不要直接告诉他$\frac{1}{a}+\frac{1}{b}$的答案，让学生自己搞清整个过程中的每一步。这

11 微挑战方法

就能确保他对数学概念的全面认识，真正地自信也会随之而来。

在教学时，只有确定了学生理解了每个概念之后才可以继续下面的问题。给学生两到三个问题确保他已经将这些定理和概念从暂时记忆转化为永久记忆。

最后，请保持耐心。可能你们已经持续了一个小时，并且学生也快解出这道题了。他可能仅仅是犯了一点小的错误，你可能会看不过去并尝试着给他作出解释。请不要做这种尝试。要坚持使用对话中的微挑战方法——用问题来引导他，而不是直接告诉他答案。帮他发展自己的认知能力，不要给他捷径，那样反而会害了他。

另一方面，你可能会在同一问题上反复使用微挑战方法若干次，可以慢慢加快速度，但是要保证每个概念复习五到十次才行。然而，当学生不断重复这一过程之后，他将会在数学方面有所长进，最终变成一个数学优秀的学生。

即使你从来都不擅长什么三角函数或者微积分，你也至少能够使用微挑战方法来教授孩子基础代数。其实很多觉得自己并不擅长数学的家长也可以使用仅有的数学知识来使用微挑战方法。因为他们学过如何在不使用计算器的情况下计算数学题，所以即使他们关于高等数学的知识很

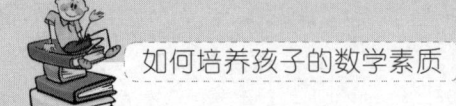

有限，他们的数学基础也还是不错的。请尽可能多地使用微挑战方法，当再也用不了的时候再转向其他方法，例如亚洲教育体系的一些方法。

建立数学思维模式

当你教孩子数学的时候，你会注意到他学很多概念时学得很快却经常忘记另一些概念。好似他的脑子里漏掉了一些概念。

家长和教师经常会面临这种令人沮丧的状况。即使最耐心的教师在学生第二十次忘记了如何进行分数加法或者忘记了二次方程的解法的时候也会变得不耐烦起来。

当我发现学生总是忘记某些特殊的东西的时候，我有了恰恰相反的反应。在我看来，这实际上是一种动态改进学生数学能力的方法。我知道如果我将这个特殊的领域作为研究目标的话，学生的能力将会有一个根本的深刻转变。

我们每个人自身都有一个处理数学信息的复杂系统。我们将这个系统称为数学思维模式。这个数学思维模式极难被改变。因此，全新的数学信息很难被整合到这个数学思维模式中。换句话说，新概念不是特别地适合学生当前

的数学知识范围。学生只能临时性地将这个数学概念记住，然后忘掉，并不能真正地将它整合到自己的数学思维模式中。

举例来说，孩子可能不会将 $3x+2$ 当成一个整体来看待。在他的脑海中，$3x+2$ 是两个独立的项。因此，他不可能明白怎么做下面的数学题：

已知 $f(x)=x^2+2x+7$，试计算 $f(3x+2)$。

正确的答案应该是：$(3x+2)^2+2(3x+2)+7$。

这个孩子只能临时记住这个答案，过一天就会忘掉，根本不会将它吸收并使其成为他数学思维模式的一部分。

当孩子的数学思维模式已经不再适合某些数学概念的时候，他的数学思维模式就该发展了。这着实是一个好消息。当我们拓展孩子的数学思维模式时，也就改进了孩子的根本能力。

上面提到的那些取巧的方法并不能永久性地改进孩子们的数学思维模式，他们必须反复做同一类型的题目。只有当大脑觉得除了永久性地拓展思维模式以外没有其他选择的时候，他的数学思维模式才会得到成长。

方法是简单的。只要你发现孩子有某种类型的题目不会做，就天天给他一道同样类型的题目。几个星期之后，

他将会很容易地做出这种题目，那样的话，他的数学思维模式就能得到永久性的拓展了，他也会变得比以前更加聪明。

Hydra方法是加速这一过程的强有力的方法。（在Hydra方法中，孩子每做错一个题目，就会得到两个相似的题目；如果又做错了其中一个，就又会得到两个相似的题目。请注意，如果他做错了一个题目，那么他除了需要做两个额外的题目之外，还要将他最初的那道题目作出来。）在Hydra方法中，如果孩子忘记了某个特殊的概念，他可能会被要求做几十个甚至上百个同种类型的题目。这种方法给了他的大脑一个强有力的激励来尽快地将新的信息整合到他的数学思维模式中。

12　真正培养数学素质的方法

当一个数学较差的学生不能经受严格的训练而成为一个数学优秀的学生时,他所损失的不仅仅是他的数学能力。经常地,他会感到在很多原来他自认为没问题的事情上力不从心。

我认为那就是我的很多学生开始努力学习、吃健康食品并且坚持阅读的原因。事实上,每个学生都愿意相信他们能够在生活中的各个领域做到最好。但是这很困难,几乎不可能实现。我所做的工作就是让学生们看到什么是极端困难的事情,什么是不可能的事情,它们之间是有区别的。当一个学生将自己以前认为不可能的事情很容易地作为自己的一个目标时,他就有热情去追逐目标了。

实际上,这也就是本书的核心所在:为"困难"的事

情和"不可能"的事情划定一个界限,并学着完成以前认为遥不可及的事情。如果你的孩子觉得学数学困难并因此而放弃的话,那么恐怕他在以后的人生中将难以卓越,你以后会经常发现难以教授他某些知识。但是这并不是不可改变的。如果你按照本书中的方法来引导他的话,那么你可能也会惊奇地发现你以前为自己所设的限制对你的孩子将不复存在。

附录：SAT 和 SAT Ⅱ

SAT 考试测试些什么？

对于大多数人来说，SAT 考试的数学部分是神秘的。尽管它仅仅涉及初等代数和几何，但是就算是已经学习过微积分的学生也经常会做错题目。对于 SAT 的数学部分，数学快班的学生往往比数学慢班的学生更糟糕。此外，SAT 的数学部分也并不涉及对高等数学的考察。一个学生只需懂得基本的代数和几何知识就覆盖了 SAT 考试所需的所有概念和公式。这些基本概念包括圆面积公式、勾股定理、分解因式等，而不包括对数、深奥的几何学定理、三角函数等知识。实际上，SAT 数学中大部分需要用到的公式都会在考卷的前部给出。

使SAT数学变难的原因类似于使象棋变难的原因。大多数人在短短几天内就能把象棋的规则学会。但是要想把简单的走法组合起来下赢高手需要几年甚至几十年的时间去锻炼。同样地，SAT的数学难题也需要学生们巧妙地将一些基本的概念和公式组合起来以给出难题的一个聪明的解法。

这使得SAT考试完全不同于学校的一般测验。如果大部分学生在学校的测验中都做不出一道题的话，这就说明这道题需要一些特殊的知识，而大部分学生不知道。这可能是一个特殊的公式、一个特殊的科学事实或者一个特殊的历史日期。

然而，一个有挑战性的SAT数学问题从来不需要任何深奥的知识。相反地，它需要的是解题能力。需要的是分析问题和创造性解题的能力，需要的是某种意义上的智慧。从这一点来说，SAT考试就像一场智商（IQ）测试。

这就不难解释为什么几乎所有高校都使用SAT作为主要录取依据了。事实上，很多投行以及管理咨询公司从学校中挖掘人才的时候，通常都会关注他们的SAT成绩。SAT是极少数测试考生的分析推理能力以及解决问题能力的考试，这区别于那些考查考生知识和勤奋程度的考试。

SAT 的成绩由数学成绩、批判式阅读的成绩以及写作成绩组成。每一部分是 800 分。因此，数学的满分当然也是 800 分。将这三个成绩加总就得到了 SAT 的总成绩，满分是 2 400 分。SAT 考试的次数没有限制，一个学生可以考好几次。

大学如何使用 SAT 成绩

大多数学校只看学生的最高 SAT 成绩，而不关心他的平均分。事实上，他们看的是这个学生参加的所有 SAT 考试中最高的数学成绩、最高的批判式阅读成绩以及最高的写作成绩。不同时间的 SAT 考试的成绩可以组合使用。举例来说，可以把一次考试中的数学高分、一次考试中的阅读高分以及另一次考试中的写作高分组合在一起使用。

大多数名校会使用一个公式来组合学生的 SAT 成绩以及学分平均绩点（GPA）来创建一个学术能力选择指数。如果这个数字高于学校的录取线，这个学生的申请才会被考虑；如果低于学校的录取线，这个学生的申请就不会被考虑了。

大多数名校（例如，常春藤联盟的那些高校，斯坦福

大学等）对于学生高于这个录取线多少分并不是太在意，也就是说一个SAT考2 390分的学生没有比一个SAT考2 290分的学生有必然的优势（假定这两个分数都过了学校的录取线）。大学入学申请、教师的推荐以及学生从事过的一些校外活动都能最终决定这个学生是否能被录取。

然而对于大多数高校而言，一个高的SAT成绩会给考生带来天然的优势。与一个SAT考2 290分的学生相比较而言，大多数学校会更偏爱SAT考2 390分的学生。可能哈佛大学找到2 300分以上的考生并不困难，但是其他高校都在积极寻找这些考生。

PSAT考试

高中三年级的十月，每个学生会在学校接受一门称为PSAT（SAT预备考试）的考试。学生不需要自己报名，学校会自动代劳，替每个学生都报上名。

PSAT和SAT非常类似。PSAT要短小一些，但是主题思想和SAT是一样的，都是用同样的方法测试相同的推理能力。学生没有必要专门为PSAT进行特殊的训练，并且要注意的是，对于SAT的训练要先于PAST的训练。

附录：SAT 和 SAT II

PSAT 考试同时也被国家优等生奖学金计划所采用。为了进入这一计划的半决赛，学生们需要获得一个足够高的 PSAT 成绩，这个成绩会随着年度以及学生所在州的居民数量而变化。

没进入半决赛的学生属于国家优等生计划表彰奖学金获得者，他们是有足够的 PSAT 成绩，但是没达分数线的那部分学生。

当然，进入半决赛的学生们谁能获奖，还要综合他们的 SAT 成绩、学分成绩以及来自他们学校的推荐。

除非这个学生是一个奖学金推荐获得者或者是半决赛选手，否则他的 PSAT 成绩不会被他所申请的大学的申请委员会所考虑。对于大多数学生而言，PSAT 只不过是在他们考 SAT 之前的一个练习。

SAT 考试的不足之处以及 SAT 考试的替代品

就像任何一种考试一样，SAT 考试也不是完美无缺的。经常有能力很强的学生 SAT 的成绩却很低；与此相反的事情也经常发生，能力较弱的学生 SAT 的成绩却很高。

然而，在我的经验中 SAT 考试还是非常靠得住的。在

一次又一次的SAT考试中，我只有一个学生考的成绩与他的能力可能不相匹配，但是我教过的大多数学生还是能够得到与他们的知识和能力准确匹配的SAT考试成绩的。

SAT考试的主要替代品是ACT考试，这是因为大多数高校接受ACT考试成绩，把它作为SAT考试成绩的替代品。ACT考试覆盖了SAT考试的全部内容，但是思想体系非常不同。与SAT考试那种定位于智力题的逻辑推理不同，ACT考试测试的是学生在学校里所学习的东西。SAT考试的数学难题需要的是考生的聪明，而ACT考试的数学难题却常常需要考生知道如何使用一个高深的公式。那些在学校里成绩好的考生一般会取得较好的ACT成绩。

参加ACT考试并不影响参加SAT考试。如果一个考生在ACT考试中的表现好于其在SAT考试中的表现的话，那么他也可以使用ACT考试的成绩作为入学申请的材料。

"应试技巧"的秘密

当一个孩子真正被像SAT考试那样的标准化推理测试题目搞得焦头烂额时，他容易将一个不好的成绩归罪于他的应试技巧太差，而不是他认识能力的缺陷。毕竟，比起

相信一个孩子的分析问题和解决问题的能力差来说，相信一个孩子的差成绩源于他的考试焦虑、面临多选题时的迷惑、对一个题目想得过多的习惯或者是粗心大意更容易让人接受。此外，越来越多的SAT补习机构将重点放在应试技巧上，这样更加深了人们的认识，那就是SAT考试的成功源于对应试技巧的掌握而并非源于对知识本身以及认知能力的掌握。

我曾经培训过很多孩子参加SAT考试，这中间有差生，也有优等生。不过迄今为止，只有三个学生是因为应试技巧太差而造成主要的考试困难（尽管数以百计的家长最初相信他们的孩子确实有这样的缺陷）。

大多数人在应试技巧方面是不存在大问题的。当然，确实有一些学生在答题技巧方面有些问题，但是迄今为止我只亲眼看到过一个学生在此方面有严重的缺陷。有时他能很快地得到一道SAT考试中选择题的正确答案，然后他就会觉得这道题是不是太简单了，肯定是自己有些什么东西没看到。在这种心理的作用下，他会改掉自己的正确答案，然后随机选择其他答案。尽管他的数学能力很卓越，但是他的SAT考试的数学成绩却很低，这一切直到他学会了如何停止瞎猜，不去选择第二个答案为止。

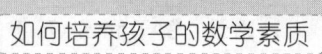

如果你的孩子SAT考试数学部分的成绩很低，而且你确实觉得这是他答题技巧的问题的话（而不是他本身的数学能力有问题），你可以这样简单地来测试他。购买一本大学出版社的《官方新手SAT考试学习指南》或者其他书，只要有SAT考试测试题就好。这样的每套测试题都会包含数学部分，而这里的数学部分没有所谓的选择题。这一小节中有全部的8个问题，学生必须写出答案。他们需要作出全部的3个这样的小节，而且必须写出全部解题过程。基本上，他们需要做24个SAT考试的题目。不必担心时间，因为根本就不需要限制学生们做题的时间。

如果学生的SAT数学低分是由于他选择题做得不好，而不是数学知识本身的缺陷的话，做上面提到的问题就会几乎全对，错误率不会超过八分之一，也就是24道题错不会超过3道。

如果学生的SAT数学低分是由于他的粗心，他会对每个题目只写出一个答案。解题步骤是非常有用的，每道题大约有四步。如果他的问题在于粗心，他就会把一些容易的问题搞错（在答案中会给出题目的困难程度，我们可以区分一道题是简单题还是难题）。如果学生总是把难题做错，那么他的原因恐怕不是粗心，而是缺乏处理难题的

能力。

如果学生的SAT数学低分是由于他在能力上有明显的欠缺,那么有些题目会空着,还会有一些是随机猜测的答案,其他的题目即使有解题步骤,也是与题目无关或者是错误的步骤。在这种情况下,你不能使用测试的方法,你要把这种情况当做学生的一种严重的数学缺陷来处理。

几种准备SAT考试的方案

有两种准备SAT考试的方案:认知途径和标准途径。认知途径是要发展学生的知识以及认知能力。这种途径相对复杂而且费时间,但是能取得最好的效果,既使学生提高了分数,又使其提高了认知能力。通过对SAT的备考来建构这些能力能使数学能力平平的学生获得和数学能力很强的学生一样的数学推理能力。通过这种方法,我使一些学生的SAT数学成绩得到了两位数的增长。

而这些方法的显著缺陷是它比较难以实施。这种方法的全部实施需要卓越的数学能力,需要对如何发展学生的数学推理能力有全面的理解以及对学生有极大的耐心。尽管如此,还是有很多家长使用本章介绍的方法。

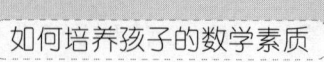

另外一种SAT数学考试的备考方法被市场上大多数的SAT培训机构的课程与辅导所采用。这种方法的目的不是提升学生的推理能力而是致力于使学生现有的推理能力更加高效。这些教学方法越来越快以及越来越简单地被应用。实际上，很多SAT考试培训机构都雇用在校大学生来教授他们的课程。

如果你的目标是利用几个月的时间来训练你的孩子，使他得到一个足够高的分数以达到某些好大学的录取线的话，请尝试第一种方法，也就是认知途径；如果你只想花几周的时间的话，那么请考虑第二种方法，也就是标准途径。

认知途径

如果你住在纽约、波士顿、洛杉矶或者华盛顿附近的话，可以接受一些关于认知途径的培训，无论是私人教师还是培训机构，只要他们采用认知途径培训就可以。但是这些培训都价格不菲，其实有若干条途径可以接受类似的培训。

最好是在学生高中二年级的九月之前开始这一辅导，

附录：SAT 和 SAT Ⅱ

这是最晚的期限。首先，需要一些 SAT 考试的数学问题用来教你的孩子。我推荐使用官方的 SAT 考试指南来准备新的 SAT 考试，这本指南是由 SAT 考试的出题者们以及《Barron 的如何准备 SAT 考试》的作者编写的。

你现在可以通过 SAT 考试的训练来提升和建构你孩子的数学推理能力了，这将是一个漫长但很值得的过程。这一过程的目标是得到一个完美或者近乎完美的 SAT 数学成绩。这一过程的焦点并不在于提升学生们的考试能力，而是发展了他们的推理能力以得到高的 SAT 数学成绩。

先让你的孩子做一些数学的练习测试题，这就是这个过程的开始。不许他使用计算器，此外，不要让他看多项选择题的答案。例如，做下面这样的一道题：

2+2＝？

A. 1

B. 2

C. 3

D. 4

E. 5

你要把选项用一张纸挡住，学生只会看到：

2+2＝？

而并不会看到任何选项。这样的话，他就不得不直接去解题了。几个月之后，他将形成一套足够有效且直接的方法来解决SAT数学问题，而不是使用一些基于排除法的低效的解题方法。

此外，把选项挡住还可以避免学生随机猜测答案。取而代之的是，学生不得不尝试给出每道题目的解法。正如我们在第四章中所讨论的那样，大脑会选择最容易的路径。挡住选项的目的是要确保最容易的路径也能最好地发展学生的推理能力。

在整个SAT考试训练过程中，学生是不允许使用计算器的。当一个学生确实亲自一步一步地去做数学题的时候，随着他不断地努力寻找解题的最佳途径，他就会自然培养了其最关键的数学推理能力。为了减少计算量，他就会主动地寻找解题的方法和捷径。找到这些方法和捷径的能力可以在他解决一些更高级的问题时显示出作用来。以下的SAT问题形象地描绘出了这一原则：

$xy=6$

$x+y=9$

计算 x^2y+xy^2 的值。

如果让学生使用计算器，他就会试着去猜测 x 和 y 的

不同的可能取值,并逐个去试,看看是否能算出答案来。他可能会尝试着从第二个方程中解出 y,并且带入第一个方程,这种方法如下:

$x+y=9$

将上述方程两边分别减去 x,得到:

$y=9-x$

代入 $xy=6$ 中,得到:

$x(9-x)=6$

展开,得到:

$9x-x^2=6$

将上述方程两边分别减去 6,得到:

$-x^2+9x-6=0$

用一元二次方程的求根公式可以把 x 解出来。解出来之后把这个 x 的值代入另一个含有 y 的方程中,把 y 的值解出来。然后将 x 的值和 y 的值都代入 x^2y+xy^2,算出这个代数式的值,这道题目就做完了。

如果不让学生使用计算器,学生应该没有动力去尝试上述如此复杂的解法,因为这个解法的计算量太大了。取而代之的是,他会主动寻找一条高效的方法来解决这个问题。他可能认为以下的解法是最好的:

首先，观察到代数式 x^2y+xy^2 可以分解为 $xy(x+y)$。而题目中已经给出了 $xy=6$ 和 $x+y=9$。因此，我们可以得到 $xy(x+y)=6\times 9=54$，这就是正确答案。

不给学生计算器会促使学生有强烈的动机去寻找最少计算量的高效路径来计算每一道数学题。学生会去寻找简单的、漂亮的而且是聪明的解法。寻找这种解法的能力会梦幻般地提升一个学生取得SAT数学考试高分的机会。

最后，注意有的选择题不能去掉选项，这和难度没有关系什么困难，很多问题如果没有选项就会变得毫无意义。举例来说，请看以下的SAT题目：

以下各项的数值相同，除了：

A. 16×1

B. 8×2

C. 4×4

D. 10×6

E. 2^4

如果你把这种题目的选项挡住的话，这道题目就会变得毫无意义。因此，当做这种题目的时候，不要把选项挡住。然而，对于其他问题，即使是比较难的题目，也要将答案挡住。

附录：SAT 和 SAT Ⅱ

标准途径

标准途径的着眼点在考试的策略上，而不在提升学生的认知能力上。对于数学考试来说，标准途径强调的是一些解题的方法，例如"排除法"、"代入法"以及"特殊值法"，等等。

在 SAT 考试中如何使用排除法

SAT 考试就是用来将考生分成若干能力水平的。为了使其更加有效，每道考题都应该是可靠的。也就是说，如果平均水平的学生会把一道题做错的话，那么平均水平以下的学生也会把题目做错。类似地，如果平均水平的学生通常会把一道题做对的话，那么水平高的学生也应该会做对。

这意味着一个具有低智商（IQ）的学生应该不能作对所有的题目，如果他能解决这个问题的话，其他水平高于他的学生也就应该能解决这个问题。因此，这就意味着每个参加考试的学生都能解决这个问题。换句话说，这个问题作为区分学生能力的手段就没有任何意义了，这个问题也不能把能力强的学生与能力差的学生区分开。

因此，如果你能设想出智商很低的人的行为的话，你就能够知道他们会怎样把问题选错，也就知道了该把什么样的选项去掉。但是你怎么知道智商很低的人会选哪个选项呢？

一个智商很低的人会像小孩那样去思考问题，而不是像一个疯子。因此，只要问问自己一个五岁大的孩子会选什么就可以了，并且删除这个选项。

以下是一个我们在上文中讨论过的SAT考试数学真题：

以下各项的数值相同，除了：

A. 16×1

B. 8×2

C. 4×4

D. 10×6

E. 2^4

设想一个五岁大的孩子看到这道题，他会猜想这道题的答案是E，因为E选项看上去与其他几个选项不一样。因此，根据排除法的思想，不需要任何的数学计算，你就

可以排除掉选项 E。正确的选项是 D。

当然，为了解出这个问题，你可以持续地使用排除法直到解出为止。这样你不得不算出每个选项的值，然后找到那个不一样的选项。但是标准的 SAT 考试课程中讨论的"排除法"通常指的不是这样的一个计算过程。它们仅仅指的是"猜答"：学生利用自己的直觉排除掉两三个选项，然后从剩下的选项中猜出一个。显而易见，这样的做法是不可靠的。

就我个人而言，我只利用过很少的时间和学生们讨论这种"排除法"，即使我的目的是让他们能够又快又准地解出数学题目。在我看来，如果一个学生需要使用非数学方法的"排除法"才能解出题目，就说明这个学生实际上并不是真正懂得如何解出这道数学题。与此相反，我让每个学生都直接解题。

在 SAT 考试中如何使用特殊值法

我们来看以下的问题：

$$\frac{x^5}{x^4}$$

传统的做法是将 x 的指数部分相减，得到 x^1，也就

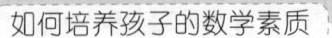

是 x。

然而，确实有另一种方法能解出这道题目，我们把它称为"插入法"。任意赋一个值给 x（或者说给 x 一个"特殊值"），比如令 $x=3$，我们就得到了 $\frac{3^5}{3^4}$，算出来就是 $\frac{243}{81}$，也就是等于 3。既然 x 的值是 3，我们就可以说 $\frac{x^5}{x^4}$ 的答案大概就是 x。然而，使用特殊值法得到的答案有时并不是百分之百准确的。答案可能是 x，也可能是 $2x-3$ 或者 x^2-6，因为当 $x=3$ 时，$2x-3$ 和 x^2-6 的值也是 3。你唯一能够确定的就是，当 $x=3$ 时，$\frac{x^5}{x^4}$ 的值也是 3。为了进一步确定这一答案，你可以代入别的特殊值看看是否能得到相同的结果。

特殊值法同样可以简化很多非常困难的代数表达式。举例来说，假设你正面临着一个问题，形如 $x^2y \cdot x^3y^4$。我们可以为 x 和 y 代入特殊值，比如 $x=3$ 和 $y=2$。这样的话，上式就变成了 $3^2 \times 2 \times 3^3 \times 2^4 = 9 \times 2 \times 27 \times 16 = 7\,776$。经过一系列试错之后，我们可以知道，这个值就是 $3^5 \times 2^5$。因此，$x^2y \cdot x^3y^4$ 可能等于 x^5y^5。你再一次拿不定主意了，但是你可以作出合理的猜测。

特殊值法深受一些学生的欢迎，这是因为使用特殊值

可以让他们用算术的方法来解决代数的问题。换句话说，他们可以用数字运算来代替字母运算。

从认知学的角度来讲，特殊值法使思维更加具体化，减少了抽象化的程度。学生可以将抽象的部分（字母和变量）代换成具体的部分（数字）。由于对具体事物的推理会更加简单，因此很多学生更愿意多做几次具体数字的推理也不愿意做抽象的推理。

对于特殊值法的批评

对于特殊值法的最常见的批评是特殊值法导致错误的风险比较大。举例来说，我们来看 $3x+2x$ 这个计算，正确的答案是 $5x$。然而，如果一个学生将 x 代成 0 的话，他就会得到 $3\times 0+2\times 0$，也就是 0。既然 $x=0$，这个学生就会认为答案是 x 而不是 $5x$。

这种错误是很普遍的。这是由于他错误地使用了特殊值法所造成的。为了保险起见，最好完全任意地试过两个特殊值之后再下结论。举例来说，他可以先后分别代入 7 和 3 来试一下上述题目的值。到那时，可能他就会得到正确的答案了。因此，如果特殊值法能够被正确地用于 SAT

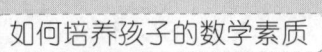

数学考试中的简单题目的话，出现错误的概率就会相对较低。

然而，因为特殊值法需要很多额外的计算，这样又增加了学生们出错的概率。一个学生做二十步计算出现错误的概率当然要大于他做三步计算出现错误的概率。

对于特殊值法的另一个批评是特殊值法需要很长的时间。这是因为使用特殊值法会增加很多额外的步骤，这比起代数计算来要费时得多。因此，如果一个学生的代数学得比较好的话，使用特殊值法常常就是浪费时间了。

对于特殊值法的反对之声是有根据的。特殊值法对一个代数知识和技巧非常完备的学生来讲是毫无意义的。（然而，对于代数学得比较差的学生来讲就大不一样了。使用特殊值法，数学较差的学生可以作出他用代数方法无论如何也做不出的题目。特殊值法可能很费时间，但是使用它确实能得到正确的答案。）

对于特殊值法最后的批评关注于特殊值法对于一个人认知方面的冲击。每当一个学生使用特殊值法时，他就用具体思维代替了抽象思维。也就是说，每次使用特殊值法，他就丧失了一次锻炼其代数技巧的机会。日子一长，他的抽象推理能力和代数计算能力就会极大地衰退。

这个问题在学生遇到 SAT 考试的数学难题时会显现出来。举例来说，如果学生遇到这样的题目（来源：The college Board's official SAT Study Guide for the New SAT(官方 SAT 新手指南))：

$xy=7$ 并且 $x-y=5$，求 x^2y-xy^2 的值。

这个问题就无法用特殊值法来做。这道题目的解法很多，但是最快的是以下的解法。首先，将 x^2y-xy^2 分解因式，得到 $x^2y-xy^2=xy(x-y)$，因为 $xy=7$ 并且 $x-y=5$，我们得到 $x^2y-xy^2=xy(x-y)=7×5=35$。

特殊值法的问题并不在于它无法解出某些问题，毕竟世上没有万灵的药。特殊值法真正的问题在于它阻碍了学生发展他们正常的解决代数问题的认知能力。有了用特殊值法解决抽象推理和代数问题的动力，学生们很难学会如何解决更高级的数学问题。

如果一个数学比较差的学生只用三周的时间来准备 SAT 考试的话，那么他最好使用特殊值法。所谓"临阵磨枪，不快也光"。

但是越来越多的学生会花几个月的时间去准备 SAT 考试。事实上，很多学生花费在 SAT 考试复习上的时间已经超过了一年。如果这么长的时间都用特殊值法的话，结果

将是灾难性的。他们的代数运算能力将会被摧毁，以至于对于只要稍微难一些的代数问题，他们就束手无策了。恢复这一已经被摧毁的代数计算能力却需要几个月的时间。

因此，我从不教我的学生特殊值法，也不让他们使用特殊值法。与直接的代数计算相比，特殊值法是低效甚至是无效的。

在 SAT 考试中如何使用代入法

"代入法"仅仅在解选择题的时候才有用。大部分 SAT 考试中的数学题是多项选择题，但是每次 SAT 考试总有一些题不是选择题。

请看以下的问题：

若 $3x-8=10$，求 x 的值。

A. 2

B. 4

C. 6

D. 9

E. 12

解这道题目的传统方法如下：

$3x-8=10$

方程两边同时加上8，得到：

$3x=18$

方程两边同时除以3，得到：

$x=6$

另外，解这道题目还可以用逐个试验选项的代入法。基本上，你可以试一试选项中的各个数字来看一看代入$3x-8$之后是否等于10。我们从A选项开始，把2代入方程后，得到：

$3\times 2-8=6-8=-2$

这不是我们要找的解。继续试验B选项，得到：

$3\times 4-8=12-8=4$

也不是我们要找的解。下一步试验C选项，得到：

$3\times 6-8=18-8=10$

这是我们要找的解，所以选择C选项。

尽管比较难的SAT考试的数学题目可以仅仅靠代入法就能解出正确答案，但是代入法对于某些中等难度的问题反而比较困难。比起直接求解来说代入法比较缺乏效率，因此我从不教我的学生代入法，也不让他们使用代入法。

更多的资源

很多学生、教师以及家长经常都在不断地寻找新SAT考试官方指南中练习题的详细答案。这里我们介绍两个比较好的资源。

1. SAT 数学认知组织（www.SATMathCognition.com）。这是一本电子书，在网上很容易获得。这本书给出了新SAT考试官方指南中全部练习题的详细答案。网上也有很多可以免费获取的例子。

2. 大学官方在线课程（www.Collegeboard.com）。这里的在线课程同样包括解答，尽管这些解答你可以从大学数学教科书中找到。如果你的数学能力非常强，这些课程对你来讲是非常有用的。另外，这些在线课程还有一些其他额外的练习题。

SAT Ⅱ

作为参加SAT Ⅰ考试的补充，申请名校的学生也经常需要参加一到两门的SAT Ⅱ学科测试，这要取决于这个考

生所申请的学校的要求。专项考试,比如美国历史专项考试、生物学专项考试、文学考试或者物理学专项考试,都是一个小时左右的考试。每门专项考试的最高分值是 800 分,最低是 200 分。

SAT Ⅱ 的数学专项考试有两个水平,分别是水平一和水平二。水平一的主要内容是代数和几何,水平二的主要内容是微积分预备知识。尽管水平二的题目比较难,但是水平二也有仁慈的一面,那就是学生也可以在错题不太多的情况下得到满分 800 分。

我建议如果是身处申请常春藤盟校这种竞争比较激烈的地区(例如,纽约、波士顿、华盛顿等)最好考一个 SAT Ⅱ 数学水平二测试(只要他们曾经学过微积分预备知识就行)。尽管水平一和水平二的测试成绩都可以作为入学的依据,但是水平二测试的成绩经常比水平一测试的成绩更受学校欢迎。

由于 SAT Ⅱ 主要是知识性的测试而并非智力型的测试,因此,全面复习 SAT Ⅱ 考试比全面复习 SAT Ⅰ 考试更加简单直接。SAT Ⅰ 考试就像一个智商测试,而 SAT Ⅱ 考试更像一个学校的测验。

一般来讲,孩子的学校都会为他们提供 SAT Ⅱ 考试的

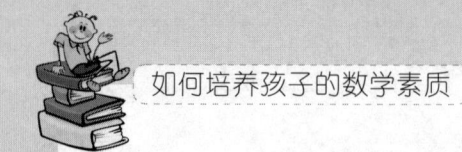

准备，但是很少有学校能提供足够的准备。幸运的是，学校以外有多种培训的机会可选。

我个人最喜欢的辅导书是巴隆的《如何准备 SAT Ⅱ 数学考试》(*How To Prepare for the SAT Ⅱ Math*)这本书。这些书中的练习题都要比 SAT Ⅱ 的真题难一些。这些题目对于学生们全面复习 SAT Ⅱ 考试来说足够了。巴隆有两本书可用，一本是针对 SAT 数学专项考试水平一的，另一本是针对 SAT 数学专项考试水平二的。

还有一些公司也出版了一些非常好的 SAT Ⅱ 考试的备考书籍。普林斯顿出版社的习题集比真题稍显简单，因此我很少用这套书。Kaplan 出版社关于 SAT Ⅱ 考试的辅导书也不错，题目也要比普林斯顿出版社的难一些。如果要找一些特别难的题，可以从 Rusen Meylani 出版社出版的辅导书中选取，我有时也用这些书来辅导一些优秀的学生以确保他们可以取得优异的成绩。

给指导教师们的话

一个好的指导教师要使 SAT Ⅱ 考试的辅导更加有效和高效。如果时间是一个大问题的话（举例来说，如果你的

孩子在高三的九月才开始着手准备 SAT Ⅱ 考试，时间就不太宽裕了），你就急切需要一个指导教师了。如果你的孩子从高二的三月份之前就开始准备 SAT Ⅱ 考试的话，他可以先试着用辅导书复习，而不需要指导教师。

The Equation for Excellence: How to Make Your Child Excel at Math by Arvin Vohra
Copyright © 2007 by Arvin Vohra
Simplified Chinese version © 2014 by China Renmin University Press.
All Rights Reserved.

图书在版编目（CIP）数据

如何培养孩子的数学素质/（美）沃拉著；张乃岳译.—北京：中国人民大学出版社，2016.4
ISBN 978-7-300-13237-2

Ⅰ.①如… Ⅱ.①沃… ②张… Ⅲ.①数学－青少年读物 Ⅳ.①O1-49

中国版本图书馆 CIP 数据核字（2010）第 254741 号

如何培养孩子的数学素质
[美] 阿尔文·沃拉 著
张乃岳 译
Ruhe Peiyang Haizi de Shuxue Suzhi

出版发行	中国人民大学出版社			
社　　址	北京中关村大街 31 号	邮政编码	100080	
电　　话	010-62511242（总编室）	010-62511770（质管部）		
	010-82501766（邮购部）	010-62514148（门市部）		
	010-62515195（发行公司）	010-62515275（盗版举报）		
网　　址	http://www.crup.com.cn			
经　　销	新华书店			
印　　刷	北京东君印刷有限公司			
规　　格	155 mm×230 mm 16 开本	版　次	2016 年 4 月第 1 版	
印　　张	11 插页 1	印　次	2019 年 8 月第 2 次印刷	
字　　数	85 000	定　价	28.00 元	

版权所有　　侵权必究　　印装差错　　负责调换